... DE

ARITH...

SUR L'ENSEIGNEMENT PROGRESSIF DE...

DIVISÉE EN LEÇONS

ET CONTENANT PLUS DE 1500 EXERCICES ET PROBL...

SUIVIE

D'APPLICATIONS GÉOMÉTRIQUES

ET AUGMENTÉE

DE NOTIONS SUR LA TENUE DES...

PAR

J. MARIOTTI

Inspecteur de l'instruction primaire à ...

TROISIÈME ÉDITION

LE MANS

IMPRIMERIE DE ...NOYER, LIB...

V

PETITE ARITHMÉTIQUE

CALQUÉE

SUR L'INTELLIGENCE PROGRESSIVE DES ENFANTS

DIVISÉE EN LEÇONS

ET CONTENANT PRÈS DE 1500 EXERCICES ET PROBLÈMES

SUIVIE

D'APPLICATIONS GÉOMÉTRIQUES

ET AUGMENTÉE

DE NOTIONS SUR LA TENUE DES LIVRES

PAR

M. L. MARIOTTI

Inspecteur de l'Instruction primaire, Officier d'Académie

TROISIÈME ÉDITION

LE MANS

IMPRIMERIE DE MONNOYER, LIBRAIRE-ÉDITEUR

1857

Le Mans. — Impr. Monnoyer. — Févr. 1857.

AUX MAITRES.

Nous n'avons à signaler aucun changement important dans la composition de notre Petite Arithmétique. Elle reste dans les détails comme dans l'ensemble de cette troisième édition ce qu'elle fut dans la précédente.

On trouvera seulement quelques développements de plus dans la quatrième partie : *Caractères de divisibilité*, et, dans la cinquième : *Applications géométriques*.

Cette dernière, revue et augmentée, offre désormais aux élèves de nos écoles primaires tout ce qu'il leur est utile d'étudier et de savoir sur le mesurage des surfaces et des solides.

Les *Notions sur la tenue des livres*, dont l'enseignement est si agréable aux familles, ont été, comme les autres parties de l'ouvrage, accompagnées de *demandes* qui en faciliteront la récitation.

Bien que par son volume et sa substance ce livre s'adresse à des élèves d'un certain âge, nous répéterons ici le conseil que nous donnons, dans la préface de l'*Abrégé* destiné aux commençants, sur la nécessité *de faire apprendre par cœur.*

Nous osons conseiller même ici cette vieille méthode tant critiquée pendant un certain temps, mais à laquelle reviennent aujourd'hui tous les maîtres qui raisonnent leur travail, aussi bien que la plupart des auteurs de livres élémentaires.

Quoi que l'on dise, on ne fera pas que l'enfant soit capable, comme des élèves de cours publics, de retenir des leçons purement orales, ou d'acquérir des connaissances par la lecture d'un texte et avec l'unique secours du jugement, qui n'est pas sa faculté dominante.

Un adulte se souvient d'une définition, d'un procédé, d'un principe, par cela seul qu'il les a observés, raisonnés et jugés. Mais un enfant observe peu et raisonne moins encore.

Son moteur, à lui, c'est la mémoire ; et ce moteur devient d'autant plus actif et puissant, et d'autant plus productif pour l'intelligence, que, dans une certaine mesure, on l'exerce davantage.

La mémoire est en quelque sorte le grenier où l'intelligence en travail va prendre les matériaux nécessaires à ses élaborations.

Garnissez ce grenier d'abondance, mettez de l'ordre autant que du goût dans le choix des provisions, c'est-à-dire éclairez, raisonnez et démontrez les définitions, les règles, les principes, et vous acquerrez bientôt la certitude que la méthode que nous recommandons, ancienne mais non usée, n'en est que plus propre à produire les meilleurs résultats et surtout à leur assurer une durée efficace.

PETITE ARITHMÉTIQUE

CALQUÉE

SUR L'INTELLIGENCE PROGRESSIVE DES ENFANTS.

❦

PREMIÈRE PARTIE.

NOTIONS PRÉLIMINAIRES ET NUMÉRATION.

PREMIÈRE LEÇON.

Qu'est-ce que l'arithmétique ?

L'arithmétique est la science des nombres ; c'est l'art de calculer. — Elle se divise en deux parties principales : *numération* et *calcul*.

Qu'est-ce que la numération ?

La numération est l'art de former les nombres ; de les *nommer* avec peu de mots, et de les *écrire* avec peu de caractères ou chiffres.

Qu'est-ce qu'un nombre ?

Un nombre est une unité, ou la réunion de plusieurs unités de même espèce.

Qu'est-ce que l'unité ? (1)

L'unité est une des choses que l'on compte. Ainsi

(1) *Définition plus complète* : L'unité est une quantité que l'on prend pour mesure commune de toutes les quantités de la même espèce.

quand on dit qu'un objet pèse soixante kilos, le *kilo* est l'unité; *soixante* est un nombre. — Quand on dit quinze francs, *le franc* est l'unité; *quinze* est un nombre.

Quels sont les premiers nombres ?

Il y a dix premiers nombres dont les noms ont servi à la formation de tous les autres, et qu'on appelle *unités simples*; ce sont :

Un, deux, trois, quatre, cinq, six, sept, huit, neuf, dix.

Le nombre *dix*, qui renferme dix unités, s'appelle aussi *dizaine*.

Une dizaine et *une*	unité, font *onze*			unités.
— et *deux*	—	— *douze*		—
— et *trois*	—	— *treize*		—
— et *quatre*	—	— *quatorze*		—
— et *cinq*	—	— *quinze*		—
— et *six*	—	— *seize*		—
— et *sept*	—	— *dix-sept*		—
— et *huit*	—	— *dix-huit*		—
— et *neuf*	—	— *dix-neuf*		—
— et *dix*, ou deux dixaines, font *vingt*				—
Trois dizaines font le nombre *trente*				—
Quatre dizaines	—	*quarante*		—
Cinq dizaines	—	*cinquante*		—
Six dizaines	—	*soixante*		—
Sept dizaines	— septante ou *soixante-dix*			—
Huit dizaines	— octante ou *quatre-vingts*			—
Neuf dizaines	— nonante ou *quatre-vingt-dix*			—
Dix dizaines	—	*cent*		—

Un *cent* s'appelle aussi une centaine.

Dix centaines font le nombre *mille*		—
Mille mille	—	*million.*
Mille millions	—	*billion.*

Et ainsi de suite.

Nota. Il est inutile de traiter plus longuement la numération parlée dans ce petit travail, destiné aux écoles primaires. Le maître en fera l'objet d'une ou deux leçons orales, s'il le juge nécessaire. Il terminera, par exemple, en faisant remarquer aux élèves que, loin d'avoir chacun un nom particulier, les nombres s'énoncent tous au moyen d'une série très-limitée de mots différents.

IIe LEÇON.

Combien y a-t-il de chiffres ou caractères inventés pour écrire tous les nombres ?

Il n'y a que dix chiffres, et ils servent à écrire tous les nombres imaginables, ce sont :

1   2   3   4   5   6   7   8   9   0

Un, deux, trois, quatre, cinq, six, sept, huit, neuf, zéro.

Comment écrit-on les nombres plus grands que NEUF, VINGT, CENT, *etc. ?*

Pour écrire les nombres plus grands que neuf, on a créé le *zéro*, qui, mis à la droite d'un autre chiffre, lui fait représenter des unités dix fois plus grandes ; — *et l'on est convenu que tout chiffre placé à la gauche d'un autre représente des unités d'une valeur dix fois plus grande que celle du chiffre placé à sa droite.*

Cette convention est ce qu'on appelle le *principe fondamental de la numération écrite.*

Ainsi, 1 écrit seul exprime *une unité simple* ; si je mets 0 à sa droite (10), le chiffre 1 exprime *une dizaine* qui vaut dix unités simples ; si je mets deux zéros (100), le chiffre 1 exprime *une centaine* qui vaut dix dizaines ou cent unités simples ; si j'en mets trois (1000), il exprime *un mille* qui vaut dix centaines ou cent dizaines, ou mille unités simples.

cent. de mille. diz. de mille. mille. centaines. dizaines. unités.	diz. de mille. mille. centaines. dizaines. unités.	mille. centaines. dizaines. unités.	centaines. dizaines. unités.	dizaines. unités.	unités.
100.000	10.000	1.000	100	10	1
200.000	20.000	2.000	200	20	2
300.000	30.000	3.000	300	30	3
400.000	40.000	4.000	400	40	4
. . . . . .	. . . . .	. . . .	. . .	. .	.
900.000	90.000	9.000	900	90	9

Combien faut-il donc de chiffres pour représenter des unités, — des dizaines, — des centaines, etc. ?

Il faut donc *un* chiffre pour avoir des *unités*,

       deux chiffres pour avoir des *dizaines*,

       trois pour avoir des *centaines*,

       quatre pour avoir des *unités de mille*,

       cinq pour avoir des *dizaines de mille*,

       six pour avoir des *centaines de mille*,

       sept pour avoir des *unités de millions*, etc.

IIIᵉ LEÇON.

Si, au lieu de zéros à la droite d'un chiffre, vous aviez d'autre chiffres, comment diriez-vous ?

Ce serait la même chose, puisque tout chiffre placé à la gauche d'un autre représente des unités dix fois plus grandes que cet autre. — Ainsi, dans 42, le 2 qui est à droite exprime *deux unités simples*; le 4 qui est à gauche exprime *quatre dizaines*; ce qui fait quatre dizaines ou *quarante*, et 2 *unités simples*; en tout, *quarante-deux*.

Dans le nombre 542, le 2 exprime deux *unités simples*; le 4 exprime quatre *dizaines*; le 5 exprime cinq *centaines*.

Ce qui fait 5 centaines ou *cinq cents*, 4 dizaines ou *quarante*, et 2 unités ; en tout *cinq cent quarante-deux* unités.

Dans le nombre 9542, le 2 exprime deux *unités simples* ; le 4, exprime quatre *dizaines* ; le 5, cinq *centaines* ; le 6, six *mille*. Ce qui fait 6 *mille*, 5 *cents*, 4 *dizaines*, 2 *unités* ; en tout, *six mille cinq cent quarante-deux* unités.

EXERCICES A LIRE EN DÉCOMPOSANT, PUIS ÉCRIRE SOUS DICTÉE.

18 — 27 — 49 — 100 — 900 — 600 — 96 — 75 — 196 — 975 — 309 — 407 — 806 — 4000 — 4500 — 4575 — 8900 — 8925 — 6009 — 3205 — 5043 — 7030 — 6005 — 2070 — 9310 — 7954 — 8004 — 5098 — 2607 — 29034 — 12697 — 60937 — 590460 — 873009 — 170004 — 9645 — 8096 — 75308 — 45020.

IVᵉ LEÇON.

Lecture des nombres qui ont beaucoup de chiffres.

Si vous aviez beaucoup de chiffres dans un nombre, comment feriez-vous pour le lire plus facilement ?

Pour lire facilement un nombre composé de plusieurs chiffres, on le partage en tranches de trois chiffres, en allant de la droite vers la gauche ; la première tranche à droite se nomme *tranche des unités* ; la seconde se nomme *tranche des mille* ; s'il y a trois tranches, la troisième se nomme *tranche des millions* ; s'il y a 4 tranches, la quatrième se nomme *tranche des billions* ; s'il y a 5 tranches, la cinquième se nomme *tranche des trillions* ; viennent ensuite les *quatrillions,* etc.

Ainsi, pour lire le nombre 43752981, je mets un point à gauche du 9 et à gauche du 7. — La première tranche à droite, 981, est la tranche des *unités* ; la seconde, 752, est la tranche des *mille* ; la troisième, 43, est la tranche des *millions* (1).

Par quel côté commence-t-on à lire les nombres ?

On commence *par la dernière tranche à gauche*, en nommant chaque tranche comme si elle était seule, et lui donnant son nom ; d'où il résulte qu'il suffit, pour bien lire un nombre de beaucoup de chiffres, de savoir bien lire les nombres de 3 chiffres et de connaître le nom des tranches.

Le nombre 43.752.981 doit donc se lire :

43 *millions* 752 *mille* 981 *unités.*

Le nombre 17.032.004 doit se lire :

17 *millions* 32 *mille* 4 *unités.*

EXERCICES A LIRE EN DÉCOMPOSANT.

29413 — 17024 — 385674 — 47625 — 547302 — 6040093 — 8320975 — 4507458 — 13020470 — 9370504 — 37500046 — 8754000675 — 2075047906 — 4700760054 — 60470069014 — 9100600597064 — 276548791 — 20095007 — 5760409 — 6004571 — 97060381.

Vᵉ LEÇON.

Que doit-on remarquer dans chaque tranche ?

Il y a dans chaque tranche des *unités*, des *dizaines* et des *centaines* de son ordre. La dernière seulement, à gauche, pourrait n'avoir qu'un ou deux chiffres, c'est-à-dire des unités seulement, ou des unités et des dizaines, et pas de centaines.

(1) Ce point doit être supprimé dès que le nombre est lu.

Ainsi, quand il y a trois tranches dans un nombre, dans la première à droite il y a *unités* d'unités, *dizaines* d'unités, *centaines* d'unités ; dans la deuxième il y a *unités* de mille, *dizaines* de mille, *centaines* de mille ; enfin, dans la troisième tranche il peut y avoir *unités* de millions seulement, ou *dizaines de millions*, ou, enfin, *unités, dizaines* et *centaines* de millions.

C'est pour cela que chaque tranche prend le nom d'*ordre ternaire*.

Que faut-il faire pour écrire facilement un nombre dicté ?

Pour écrire facilement un nombre dicté, on ne doit pas attendre qu'il soit tout énoncé : on doit écrire chaque tranche aussitôt que le nom en est prononcé, ayant toujours bien soin de remplacer par des zéros les unités manquantes.

Le maître donnera pour cela toutes les explications nécessaires et exercera longtemps les élèves sur cette leçon et sur la précédente.

EXERCICES A LIRE, PUIS A ÉCRIRE SOUS LA DICTÉE.

3.182 — 4.975 — 9.465 — 8.740 — 5.600 — 7.999 — 6.473 — 4.082 — 4.905 — 9.005 — 8.000 — 5.060 — 7.090 — 6.073 — 13.100 — 14.900 — 29.000 — 38.000 — 45.300 — 67.400 — 16.000 — 23.102 — 49.607 — 82.400 — 38.906 — 45.073 — 59.040 — 11.775 — 823.102 — 749.607 — 824.000 — 389.060 — 450.735 — 975.645 — 803.003 — 700.675 — 804.009 — 319.005 — 970.870 — 400.007 — 8.309.604 — 7.600.413 — 7.975.729 — 5.005.005 — 3.290.470 — 11.326.000 — 19.804.011 — 167.007.400 — 217.009.009 — 75.000.000 — 37.005.469.

Et d'autres nombres semblables.

VIe LEÇON.

Résumez les cinq premières leçons.

Nous avons vu :

1° Qu'on divise l'arithmétique en numération et calcul ;

2° Qu'à l'aide de 25 à 30 mots seuls, ou combinés, on peut nommer tous les nombres ;

3° Qu'il n'y a que dix chiffres pour écrire tous les nombres imaginables ;

4° Que le zéro mis à la droite d'un nombre rend ce nombre dix fois plus grand ;

5° Que tout chiffre placé à la gauche d'un autre représente des unités d'une valeur dix fois plus forte que celle du chiffre à droite ;

6° Que pour lire facilement un nombre écrit, on le partage, avec un point, en tranches de trois chiffres chacune, en allant de la droite vers la gauche, et qu'on commence à lire les nombres par la gauche ;

7° Qu'il y a dans chaque tranche des *unités*, des *dizaines* et des *centaines* de son ordre, excepté dans la dernière à gauche, où il peut n'y avoir que deux chiffres ou même un seul ;

8° Enfin, pour écrire facilement un nombre dicté, on pose chaque tranche à mesure qu'elle est nommée, en ayant soin de remplacer, par des zéros, les unités manquantes.

EXERCICES A LIRE, PUIS A ÉCRIRE SOUS LA DICTÉE.

490 — 8706 — 85 — 64009 — 870432 — 54073 — 7504329 — 630275 — 9200325 — 4523008 — 59604900 — 930008 — 76093 — 2087095 — 68007908 — 5400005769 — 147098030 — 970500860 — 32960005781 — 30400657490 — 475006980073 — 876004593 — 7541900032.

VIIe LEÇON.

Système décimal.

Que résulte-t-il du principe fondamental de la numération écrite ?

Il résulte du principe de la numération écrite que *tout chiffre placé à la droite d'un autre représente des unités dix fois plus petites que celles du chiffre placé à gauche.*

Expliquez cela.

Ainsi, dans le nombre 745, le chiffre 7 exprime des centaines ; le chiffre 4 représente des dizaines, unités d'une valeur dix fois moindre que les centaines, puisqu'il y a dix dizaines dans une centaine ; enfin, le chiffre 5 représente des unités simples, unités d'une valeur dix fois moindre que les dizaines.

Ne trouve-t-on pas quelquefois, à la droite des unités simples, des chiffres séparés des autres par une virgule ?

Oui, l'on trouve souvent à la droite du chiffre des unités une virgule, puis d'autres chiffres qui représentent des parties d'unité dix fois, cent fois, mille fois, etc., plus petites que les unités simples ; ces chiffres s'appellent *chiffres décimaux, fractions décimales.*

Le premier représente des *dixièmes* ; le second des *centièmes* ; le troisième des *millièmes* ; le quatrième des *dix millièmes*, etc., etc.

Qu'appelle-t-on fractions décimales ?

Fraction signifie morceau, partie, portion d'une chose ; un morceau de pomme c'est une fraction de cette pomme.
— *Décimale* signifie fraction dix fois moindre ; si l'on partage une pomme en dix morceaux égaux, chacun d'eux est un dixième de la pomme.

Les fractions décimales, ou simplement les décimales,

1*

sont des chiffres que l'on met à la droite des unités pour représenter des parties dix, cent, mille, dix mille fois plus petites que l'unité.

Nota. Il y a aussi des fractions *à deux termes*, *anciennes* ou *ordinaires*, telles sont : $\frac{2}{3}$, $\frac{5}{6}$, $\frac{7}{9}$.

Comment donc doit-on lire la fraction décimale 0.573?

On peut dire 5 dixièmes, 7 centièmes, 3 millièmes. Mais, comme 1 dixième c'est la même chose que 10 centièmes ou 100 millièmes, 5 dixièmes c'est donc comme 50 centièmes ou 500 millièmes; pour la même raison, 7 centièmes sont comme 70 millièmes. — Ainsi, 0.573 peut être lu encore : 500 millièmes, 70 millièmes et 3 millièmes, et en rapprochant, 573 millièmes.

Comment lit-on 4.87?

On dit 4 unités, 8 dixièmes et 7 centièmes, ou 4 unités 87 centièmes.

EXERCICES A LIRE, PUIS A ÉCRIRE.

0,4 — 0,04 — 0,004 — 0,0004 — 0,00004 — 3,4 — 3,04 — 8,004 — 0,45 — 0,045 — 0,0045 — 0,00045 — 6,054 — 19,32 — 47,813 — 9,307 — 25,017 — 40,0324 — 602,2507 — 4758,0395 — 13029,47508 — 4063,275 — 14315,0495 — 29036,9855 — 35420,347 — 820,6705 — 27603.5654 — 3690,94507 — 37,075 — 3497,756032 — 97,895 — 0,305 — 0,025 — 8,7 — 6,09 — 0,040.

VIIIe LEÇON.

Différentes espèces de nombres.

Tous les nombres sont-ils de même espèce ?

Non, tous les nombres ne sont pas de même espèce : il

y a des nombres *entiers*, des nombres *fractionnaires* et des nombres *complexes*.

Qu'est-ce qu'un nombre entier ?

Un nombre entier est celui qui n'est accompagné d'aucune fraction ; il exprime donc des unités *entières*. — *Exemples* : 25 — 146 hommes. — 3034 mètres.

Qu'est-ce qu'un nombre fractionnaire ?

Un nombre fractionnaire est celui qui est accompagné d'une fraction à sa droite. — *Ex.* : 25,5 — 146,35. — 2034,75. — 7 $\frac{3}{4}$.

Qu'est-ce qu'un nombre complexe ?

Le nombre complexe est celui qui se compose de nombres entiers, dont les unités sont des subdivisions *non décimales* les unes des autres.

Exemple : 3 ans, 7 mois, 13 jours, 5 heures. Les nombres 7, 13, 5, sont chacun des nombres entiers, si on les considère isolément ; mais ils sont des subdivisions les uns des autres et de l'unité principale 3 ans.

En outre, ils sont des subdivisions *non décimales*, c'est-à-dire que les mois ne sont pas des dixièmes de l'année, — ni les jours des dixièmes du mois, ni les heures des dixièmes du jour.

EXERCICES POUR APPRENDRE A DISTINGUER LES ESPÈCES DE NOMBRES.

Lire, puis écrire sous la dictée :

3250 — 74,35 — 0,657 — 2 mois 7 jours 15 heures — 6204,39 — 87025 — 295017,14 — 308049 — 21 jours 17 heures 39 minutes — 597,80 — 64,009 — 0,6 — 819400 — 62970,20 — 13 heures 45 minutes — 427006 — 738 — 580005,15 — 8,25 — 8,0035 — 24800 — 72,045 — 9 ans 8 mois. — 6 $\frac{2}{7}$. — 39.

IXᵉ LEÇON.

Remarque. Les nombres entiers et les fractionnaires sont toujours abstraits ou concrets.

Qu'est-ce qu'un nombre abstrait ?

Un *nombre abstrait* est celui dont le nom des unités n'est pas désigné.

Ex. : 25 — 146,35 — 2540 — 1675,547 — 4039.05.

Qu'est-ce qu'un nombre concret ?

Un *nombre concret* est celui dont l'espèce des unités est désignée.

Ex. : 25 hommes, 146 fr. 35, 2540 litres.

Si l'on ne considère que le dernier chiffre des nombres, comment peut-on les diviser encore ?

Les nombres sont aussi ou *pairs* ou *impairs*.

Qu'appelle-t-on nombres pairs ?

Les nombres *pairs* sont 2, 4, 6, 8, 0, et tous ceux dont le dernier chiffre à droite est 2, 4, 6, 8, ou 0.

Qu'appelle-t-on nombres impairs ?

Les nombres *impairs* sont 1, 3, 5, 7 ou 9.

Combien les chiffres ont-ils de valeurs ?

Le zéro n'a qu'une valeur, celle que sa place dans un nombre lui donne : on la nomme valeur *relative*.

Les autres chiffres ont deux valeurs : celle qu'exprime leur forme, elle s'appelle valeur *absolue*; et celle que leur place leur donne, elle se nomme valeur *relative*. Ils sont pour cela appelés chiffres *significatifs*.

Ainsi, dans le nombre 50, le zéro tient la place des unités : c'est la valeur relative; il n'en a pas d'autre parce qu'il ne représente rien quand il est seul. Le chiffre 5 représente des dizaines : c'est sa valeur relative : et il en exprime *cinq* par sa forme : voilà sa valeur absolue.

A chaque nombre on ajoutera le nom de l'espèce : abstrait, — concret, — pair, — impair, etc.

309 — 89 25 — 2480 hommes — 5376 soldats — 940,13 — 74,006 — 93 pièces — 25 — 834 — 829 planches — 0,87 — 0,029 — 6900 mètres 40 cent. — 4300 francs — 39,005 — 0,3045 — 3672 litres — 0,25 de mètre — 18976 — 54098 — 470 mètres 85 centimètres — 875.

Xe LEÇON.

Résumez les cinq dernières leçons que vous avez apprises.

1° Les chiffres que l'on met à la droite d'une virgule, après les nombres entiers, sont appelés *décimaux*, ou encore *fractions décimales.* — Le 1ᵉʳ chiffre exprime des *dixièmes*, le 2ᵉ des *centièmes*, le 3ᵉ des *millièmes*, etc.

2° *Fraction* signifie une partie ou plusieurs parties égales de l'unité. — Les fractions décimales représentent des *parties dix fois, cent fois, ou mille fois moindres que l'unité.*

3° Il y aussi des fractions *à deux termes, anciennes* ou *ordinaires.*

4° Il y a différentes espèces de nombres : les nombres *entiers*, les nombres *fractionnaires*, les nombres complexes.

5° Les nombres entiers et les fractionnaires sont ou *abstraits* ou *concrets.* Les nombres complexes sont toujours concrets.

6° Tous les nombres sont pairs ou impairs.

7° Enfin les chiffres significatifs ont deux valeurs : l'*absolue* et la *relative* : mais le zéro n'en a qu'une.

8° La valeur absolue d'un chiffre est celle qu'exprime sa forme.

9° La valeur relative d'un chiffre est celle que sa place lui donne.

DEUXIÈME PARTIE.

DU CALCUL.

XIᵉ LEÇON.

Qu'est-ce que calculer ou faire des calculs ?

Calculer ou faire des calculs, c'est composer ou décomposer des nombres (c'est-à-dire les *assembler* en un seul ou *séparer* leurs parties) au moyen d'autres nombres donnés et par des opérations particulières.

Combien y a-t-il d'opérations pour calculer ?

Pour calculer il y a quatre opérations fondamentales, qu'on nomme l'*addition*, la *soustraction*, la *multiplication* et la *division*.

Est-ce qu'à l'aide des quatre opérations fondamentales, on peut faire tous les calculs usuels ?

Oui, à l'aide de ces quatre opérations on peut faire tous les calculs nécessaires dans la vie. On les nomme *opérations fondamentales*, parce qu'elles sont la base de tous les calculs.

Quelles sont les opérations fondamentales qui servent à composer des nombres ?

Les opérations fondamentales qui servent à composer des nombres, c'est-à-dire à en faire de plus grands que les nombres proposés, sont l'addition et la multiplication.

Quelles sont les opérations fondamentales qui servent à décomposer des nombres ?

Les opérations fondamentales à l'aide desquelles on décompose les nombres, c'est-à-dire qui servent à en trouver de moindres que les nombres proposés, sont la soustraction et la division.

XIIᵉ LEÇON.

De l'Addition.

J'ai dans un panier 8 pêches, dans un autre 6, et dans un troisième 10. C'est comme si je n'avais qu'un panier renfermant toutes ces pêches. 8 et 6 font 14 et 10 font 24 pêches; ce nombre 24 est la somme des trois nombres donnés.

L'opération au moyen de laquelle j'ai trouvé cette somme s'appelle *addition*.

Que veut dire le mot Additionner *ou faire une* addition *?*

Additionner ou faire une addition, c'est ne faire qu'un seul nombre de plusieurs nombres de la même espèce.

Quand des nombres sont-ils de la même espèce ?

Des nombres sont de la même espèce quand ils représentent des unités ou des choses de même nature. Ainsi 17 pommes, 49 pommes, 200 pommes, voilà trois nombres de la même espèce. Mais 17 pommes, 49 oiseaux, 200 chaises, voilà trois nombres d'espèces différentes.

Pourrait-on additionner des nombres d'espèces différentes ?

Non, on ne peut additionner des nombres que s'ils sont tous de la même espèce.

A quoi doit-on s'appliquer avant d'apprendre à faire des calculs écrits ?

On doit s'appliquer aux calculs de tête et apprendre avant tout très-bien la table d'addition.

TABLE D'ADDITION.

1	et	1	font	2	4	et	4	font	8	7	et	7	font	14

1 et 1 font 2	4 et 4 font 8	7 et 7 font 14
2 1 3	8 4 12	14 7 21
3 1 4	12 4 16	21 7 28
4 1 5	16 4 20	28 7 35
5 1 6	20 4 24	35 7 42
6 1 7	24 4 28	42 7 49
7 1 8	28 4 32	49 7 56
8 1 9	32 4 36	56 7 63
9 1 10	36 4 40	63 7 70
2 et 2 font 4	5 et 5 font 10	8 et 8 font 16
4 2 6	10 5 15	16 8 24
6 2 8	15 5 20	24 8 32
8 2 10	20 5 25	32 8 40
10 2 12	25 5 30	40 8 48
12 2 14	30 5 35	48 8 56
14 2 16	35 5 40	56 8 64
16 2 18	40 5 45	64 8 72
18 2 20	45 5 50	72 8 80
3 et 3 font 6	6 et 6 font 12	9 et 9 font 18
6 3 9	12 6 18	18 9 27
9 3 12	18 6 24	27 9 36
12 3 15	24 6 30	36 9 45
15 3 18	30 6 36	45 9 54
18 3 21	36 6 42	54 9 63
21 3 24	42 6 48	63 9 72
24 3 27	48 6 54	72 9 81
27 3 30	54 6 60	81 9 90

ADDITION. — EXERCICES POUR LE CALCUL DE TÊTE.

1. J'ai 5 sous dans une poche et 6 sous dans l'autre, combien cela fait-il ?

2. Pierre n'a que 7 centimes et Jacques en a 9, combien ont-ils ensemble ?

3. Dans un sac il y a 15 mesures de pommes, dans un autre 17, combien cela faisait-il de mesures ?

4. Jules a 18 feuilles de papier, Louis 9, et Léon 12, combien ont-ils de feuilles ensemble ?

5. Une pauvre femme demande la charité, elle reçoit d'une personne 3 centimes, d'une autre 5, d'une autre 6, combien reçoit-elle en tout de ces trois personnes ?

6. Un élève a reçu de son maître 5 bons points lundi matin, 3 lundi soir, 4 mardi matin, 6 mardi soir, combien en a-t-il ?

7. Pierre a 13 sous, Jeanne, sa sœur, a 25 sous, s'ils mettent leur argent ensemble, combien ont-ils ?

8. Ma mère achète trois mottes de beurre, la 1ʳᵉ pèse 6 kilos, la 2ᵉ 5 kilos, et la 3ᵉ 8 kilos, combien de kilos de beurre a-t-elle achetés en tout ?

9. Dans un panier on peut mettre 34 bouteilles de vin, dans un autre on peut en mettre 20, combien les deux paniers peuvent-ils contenir en tout de bouteilles ?

10. Un jeune soldat va rejoindre son régiment, le 1ᵉʳ jour il fait 13 lieues 1/2, le 2ᵉ jour il fait 15 lieues, le 3ᵉ jour il fait 17 lieues et arrive au régiment, combien ce jeune soldat avait-il de lieues à faire ?

11. Ma mère a acheté hier 17 hectolitres 1/2 de pommes, aujourd'hui elle en achète 13 1/2, demain elle en achètera 27, combien aura-t-elle acheté en tout d'hectolitres de pommes ?

12. Marguerite est marchande de gâteaux, elle les vend 1 sou la pièce. Vendredi elle en a vendu 47 et samedi 29, combien a-t-elle reçu d'argent pendant les deux jours ?

XIIIᵉ LEÇON.

Calcul écrit.

A quoi doit-on s'appliquer quand on écrit des calculs ?

On doit faire les chiffres tous bien proportionnés, tous en ligne droite (horizontale), tous à une distance convenable les uns des autres et toujours la même.

Ne faut-il pas apporter une grande attention dans la disposition des nombres d'une addition à faire ?

Pour faire plus facilement l'addition, on doit écrire les nombres les uns sous les autres, de manière que les unités de même ordre se correspondent : les *unités* sous les *unités* ; les *dizaines* sous les *dizaines* ; les *centaines* sous les *centaines* ; les *unités de mille* sous les *unités de mille*, etc.

Quand on a des décimales on doit donc prendre le même soin et bien mettre les *dixièmes* sous les *dixièmes* ; les *centièmes* sous les *centièmes* ; les *millièmes* sous les *millièmes*.

Qu'est-ce que l'addition ?

L'addition est une opération par laquelle on réunit, en un seul nombre, deux ou plusieurs nombres de la même espèce. Le résultat, c'est-à-dire le nombre qui représente ainsi à lui seul tous les nombres proposés, se nomme *somme* ou *total*.

Au moyen de quel signe indique-t-on que deux ou plusieurs nombres doivent être additionnés ?

On indique l'addition au moyen d'une petite croix droite + placée entre les nombres ; ce signe s'appelle *plus*. Ainsi, pour indiquer qu'il faut ajouter 25 à 82 et à 70, j'écrirais 25 + 82 + 70.

N'y a-t-il pas aussi un signe servant à annoncer le résultat des calculs ?

Il y a un petit signe servant à annoncer le résultat de tout calcul ordinaire de l'arithmétique ; il se compose de deux petits traits d'égale longueur = et se prononce *égale*. Ainsi pour exprimer que 8 et 12 font 20, j'écrirais 8 + 12 = 20, que je lirais : 8 *plus* 12 *égalent* 20.

XIVᵉ LEÇON.

Comment faites-vous l'addition ?

Après avoir bien écrit les nombres les uns sous les autres, je tire une ligne horizontale sous le dernier et je commence à compter par la première colonne à droite.

Si la somme des chiffres de cette première colonne n'est pas plus grande que 9, je la pose telle que je la trouve. Ainsi, si j'avais 8 pour somme, je poserais ce chiffre sous la première colonne.

Si la somme est plus forte que 9, c'est-à-dire si elle renferme plus que des unités, j'écris les unités que cette somme renferme et je retiens ce qu'il y a de plus pour l'ajouter à la colonne suivante. Ainsi, si j'avais 38 pour somme, je poserais 8 et je retiendrais 3 *dizaines* pour la colonne des *dizaines*.

Je fais pour chaque total des colonnes suivantes ce que je viens de dire pour la première, excepté à la dernière à gauche, dont je pose la somme tout entière.

EXPLICATION

Au tableau, par le Maître ou le Moniteur.

Soient à additionner les nombres 8269 + 430 + 2050. Après avoir disposé les nombres comme je l'ai déjà dit, je les souligne :

$$8269$$
$$430$$
$$2050$$
$$\overline{10749}.$$

Et je dis : 1re *colonne*, 9 et 0 font 9, et 0 font 9 unités simples. Je
pose 9.

2e *colonne*, 6 et 3 font 9, et 5 font 14 dizaines ou 4
dizaines que je pose, 1 centaine que je
retiens.

3e *colonne*, 1 centaine retenue et 2 font 3, et 4 font 7.
Je pose 7.

4e *colonne*, 8 et 2 font 10. Je pose 10.

Le total est de 10749.

On ferait de la même manière l'addition des décimales.

EXERCICES A LIRE, PUIS A FAIRE.

6450 + 875 + 49 + 765,65 + 5450,35 + 79,04
286 + 1753,295 + 37865 + 4580,20 + 7048,435
2500,08 + 90073,085 + 54042,35 + 476,00 + 8905,005
780092,8 + 270306,85 + 8019 + 45700,035 + 198004,75
586 + 43658 + 76854 + 38459 + 57649,26 + 375945
9876965 + 279,45 + 487,79 + 6286,95 + 73054,60.

EXERCICES A LIRE, PUIS A FAIRE.

187 + 20088 + 750 + 65307 + 97000 + 3574,45
6400 + 48090 + 6275 + 639 + 32005 + 29076,035
8965,15 + 195,47 + 39,567 + 17096,85 + 9642,752
19064,19 + 2040,25 + 45,505 + 67084,45 + 439,087
1259,75 + 64,095 + 217,45 + 26009,65 + 3674,953
24973,40 + 359,65 + 8707,35 + 65407,20 + 98225,395.

Nota. Il est très-avantageux de faire effectuer de très-longues
additions. Le maître fera donc bien de réunir, pour une seule opération, les nombres donnés ci-dessus pour deux, trois ou plusieurs
additions distinctes.

XVᵉ LEÇON.

Preuve.

Qu'est-ce qu'une preuve ?

Une preuve est une seconde opération que l'on fait pour s'assurer que la première est exacte.

Comment fait-on la preuve d'une addition ?

On fait la preuve d'une addition en recommençant l'opération par le bas de la première colonne à droite. Si l'addition a été bien faite, on doit retrouver le même total.

Cette nouvelle opération vérifiera-t-elle bien la première ?

Oui, car les chiffres ne se présentant plus dans le même ordre, on n'est pas sujet à la répétition de la même faute qu'on a pu faire.

N'y a-t-il pas une autre manière de faire la preuve de l'addition ?

Oui, il y a une autre preuve de l'addition, mais on ne l'emploie que pour des additions très-longues.

Elle consiste à couper la colonne des nombres en deux, trois ou quatre colonnes dont on fait les totaux. La somme de ces deux, trois ou quatre totaux doit être égale au total unique de la colonne entière.

PROBLÈMES SUR L'ADDITION.

Remarque à apprendre. Un *f* mis à la droite d'un nombre indique des *francs*. Les dixièmes et centièmes du franc se nomment *décimes* et *centimes*. — Un *k* indique des *kilogrammes*. — Un *m* indique des *mètres*. Les dixièmes et centièmes du mètre se nomment *décimètres* et *centimètres*. — Un *l* ind. des *litres*. Les dixièmes et les centièmes du litre se nomment *décilitres* et *centilitres*. — Un *g* ind. des *grammes*. Les dixièmes et centièmes du gramme se nomment *décigrammes* et *centigrammes*.

1. Un homme achète trois sommes de grains ; la 1re coûte 47 f. 06 ; la 2e, 56 f. 37 ; la 3e, 40 f. 50 : combien paiera-t-il les trois ?

2. Un boulanger a fait 63 k. 35 de pain blanc, 79 k. 05 de pain de 2e qualité, et 307 k. 70 de pain bis : combien cela fait-il de kil. de pain?

3. Un marchand de toile en a vendu 8 pièces ; la 1re pour 75 f. 75 ; la 2e pour 83 f. 035 ; la 3e pour 64 f. 19 ; la 4e pour 89 f. 95 ; et les autres pour 387 fr. 70 : quelle somme a-t-il retirée de cette vente ?

4. Pendant les trois premiers mois de l'année, j'ai dépensé pour nourriture, logement, etc., 209 f. 875 ; pendant les six mois suivants, j'ai dépensé 325 f. 75 de plus, et pendant les trois derniers mois, 186 f. 15 : quelle a été ma dépense de l'année entière ?

5. Un marchand de grains dit avoir fait 835 f. 45 de bénéfice sur les vins de Bordeaux vendus dans l'année, 719 f. 20 sur le Cognac, et 317 f. 05 sur les liqueurs fines : quel a été son bénéfice ?

6. Treize hommes riches se réunissent pour le commerce ; le 1er met à la caisse 25600 f., le 2e = 24575 f., le 3e = 19835 f., le 4e = 15000 f., les quatre suivants = 29750 f., et les cinq autres autant que les huit premiers : quelle somme renferme donc leur caisse ?

7. Au baptême d'un prince, sa mère a donné 2500 f. à l'église, 5675 f. 45 aux pauvres ; 845 f. 90 aux gens de service, et un cadeau de 589 f. 90 à la nourrice ; les fêtes publiques ayant coûté 21745 f. 35 : à combien s'est montée la dépense pour ce baptême?

8. Pour une fête publique on a dépensé 293 f. de viande, 387 f. 50 de pain, 297 f. 75 de gibier, 168 f. 35 de vins, 57 f. 85 de liqueurs, 329 f. de dessert. Il y avait 275 f. 25 d'autres frais, et on a donné 70 f. 85 aux pauvres. Combien a coûté cette fête ?

9. Une armée se compose de 13729 soldats à pied, de 8273 artilleurs, de 2507 cuirassiers et de 545 lanciers. Les soldats à pied font une dépense journalière de 21089 f. 75, et tous les autres, avec leurs chevaux, 32795 f. On demande : 1° combien il y a d'hommes dans l'armée ; 2° combien cette armée coûte tous les jours?

10. Dans une famille, le père gagne 685 f. par an ; la mère, 420 f. 75 ; les deux fils ensemble, 805 f., et leur sœur 387 f. 45. Le père et la mère dépensent 598 f. 60 par an ; les deux fils, 500 f. ; leur sœur, 705 f. On demande : 1° combien il entre d'argent par an dans la maison ; 2° combien il en est dépensé par an ?

XVIᵉ LEÇON.

De la Soustraction.

J'avais compté dans un arbre 25 poires, il en a été cueilli 18; combien en reste-t-il? Il en reste la différence entre 25 et 18; c'est-à-dire ce qu'il faut à 18 pour faire 25. Ce nombre est 7.

J'avais 12 épingles, j'en ai donné 8; combien m'en reste-t-il? J'ai donc retiré 8 épingles des 12 que j'avais; il ne doit plus m'en rester que ce qui manque à 8 pour faire 12. C'est 4.

L'opération au moyen de laquelle j'ai trouvé ces restes se nomme *soustraction*.

Pourrait-on retrancher l'un de l'autre deux nombres d'espèces différentes ?

Non, on ne peut faire de soustraction que si les deux nombres donnés sont de la même espèce.

Qu'est-ce que la soustraction ?

La soustraction est une opération par laquelle on retranche un nombre d'un autre nombre pour en connaître la différence.

Autre définition. La soustraction est une opération qui a pour but la somme de deux nombres, et l'un de ces nombres étant donné, de trouver l'autre nombre.

Si de 7 on ôte 5, il reste 2, parce que 5 et 2 font 7.

9	4	5	5	4	9.
13	9	5	9	4	13.
12	5	7	5	7	12.
15	9	6	9	6	15.

TABLE DE SOUSTRACTION.

2 ôté de 2 reste 0

2	3	1
2	4	2
2	5	3
2	6	4
2	7	5
2	8	6
2	9	7
2	10	8
2	11	9
2	12	10

3 ôté de 3 reste 0

3	4	1
3	5	2
3	6	3
3	7	4
3	8	5
3	9	6
3	10	7
3	11	8
3	12	9
3	13	10

4 ôté de 4 reste 0

4	5	1
4	6	2
4	7	3
4	8	4
4	9	5
4	10	6
4	11	7
4	12	8
4	13	9
4	14	10

5 ôté de 5 reste 0

5	6	1
5	7	2
5	8	3
5	9	4
5	10	5
5	11	6
5	12	7
5	13	8
5	14	9
5	15	10

6 ôté de 6 reste 0

6	7	1
6	8	2
6	9	3
6	10	4
6	11	5
6	12	6
6	13	7
6	14	8
6	15	9
6	16	10

7 ôté de 7 reste 0

7	8	1
7	9	2
7	10	3
7	11	4
7	12	5
7	13	6
7	14	7
7	15	8
7	16	9
7	17	10

8 ôté de 8 reste 0

8	9	1
8	10	2
8	11	3
8	12	4
8	13	5
8	14	6
8	15	7
8	16	8
8	17	9
8	18	10

9 ôté de 9 reste 0

9	10	1
9	11	2
9	12	3
9	13	4
9	14	5
9	15	6
9	16	7
9	17	8
9	18	9
9	19	10

10 ôté de 10 reste 0

10	11	1
10	12	2
10	13	3
10	14	4
10	15	5
10	16	6
10	17	7
10	18	8
10	19	9
10	20	10

EXERCICES POUR LE CALCUL DE TÊTE.

1. J'avais 16 sous dans ma poche et j'en ai donné 13 aux pauvres, combien m'en reste-t-il donc ?

2. Ma sœur avait 15 épingles et elle en a perdu 4, combien lui en reste-t-il donc ?

3. Un élève puni devait écrire 30 lignes ; s'il n'en a écrit que 22, combien de lignes a-t-il encore à écrire ?

4. Dans une main de papier il y a 25 feuilles, j'en ai dépensé 13 feuilles, combien m'en reste-t-il ?

5. Pierre a entrepris de copier un livre composé de 59 pages ; il en fait déjà 45, combien lui en reste-t-il à faire ?

6. Il y a 47 mètres de soie dans une pièce, et l'on en vend 21 mètres, combien y en a-t-il encore ?

7. La marchande a fait 43 gâteaux ; elle en a vendu 37, combien en a-t-elle encore ?

8. Je pars pour aller dans une ville située à 29 lieues d'ici ; quand j'aurai fait 17 lieues, combien en aurai-je encore à faire ?

9. J'achète 25 m. de ruban ; j'en emploie 17 m., combien m'en reste-t-il ?

10. Un relieur a cartonné 65 livres ; s'il devait en cartonner 100, combien lui en reste-t-il ?

11. Un cheval doit parcourir 2800 m. dans un temps donné ; il a manqué sa course de 250 m., combien en a-t-il donc parcouru ?

12. L'heure est de 60 minutes. S'il est 2 heures et 25 minutes, dans combien de minutes sonneront 3 heures ?

13. Il est 3 h. 10, je dois arriver chez moi à 4 heures moins 15 minutes, combien ai-je de minutes pour m'y rendre ?

14. Un négociant part avec 600 fr., il revient avec 250 fr. ; combien a-t-il dépensé ?

15. Une pendule qui a coûté 215 fr. a été vendue 342 fr., combien l'horloger a-t-il gagné ?

16. Une pièce de toile était de 187 m. ; elle n'en contient plus que 90 m., combien a-t-on vendu de mètres de toile ?

17. L'année est de 365 jours. Fêtes et vacances décomptées, les classes ne sont ouvertes que 235 jours : combien a-t-on de jours de congé par an ?

XVIIᵉ LEÇON.

Que doit-on observer dans la disposition des nombres donnés pour une soustraction ?

On doit avoir soin d'écrire le plus petit nombre sous le plus grand, de manière que les *unités* soient sous les *unités*, les *dizaines* sous les *dizaines*, les *centaines* sous les *centaines*, les *mille* sous les *mille*.

Que peut-il arriver dans la soustraction ?

Dans la soustraction il peut y avoir trois cas :

1° *Quelques chiffres du plus petit nombre peuvent être égaux à leurs correspondants du plus grand nombre ;*

2° Les chiffres inférieurs peuvent être plus petits que leurs correspondants du plus grand nombre ;

3° *Quelques chiffres du plus petit nombre peuvent être plus grands que leurs correspondants du plus grand nombre.*

Par où commence-t-on la soustraction ?

On commence la soustraction par la droite. — 1° Si le chiffre inférieur est égal à son correspondant supérieur, on pose 0 sous le trait, dans la même colonne ; 2° si le chiffre inférieur est plus petit que son correspondant supérieur, on pose le reste dessous et l'on continue de même en allant vers la gauche ; 3° si le chiffre inférieur est plus grand que son correspondant supérieur, on ajoute à celui-ci *dix* unités de son ordre et l'on retranche de la somme le chiffre inférieur ; après cela, on a soin d'ajouter *un* au chiffre inférieur de gauche, qu'on retranche ensuite de celui d'en haut, et l'on continue ainsi jusqu'à la fin.

EXPLICATIONS.

1er *et* 2e *cas.* J'ai dit que quand un chiffre inférieur est égal à son correspondant supérieur, on pose dessous 0 ; — et que si le chiffre inférieur est plus petit, on pose dessous le reste.

Exemple : Soit à ôter 6432 de 9832.

J'écris d'abord le plus grand nombre.............. 9832
et dessous j'écris le plus petit........................ 6432

Reste.......... <u>3400</u>

Puis, en commençant par la droite, je dis : 2 ôté de 2, reste 0. — 3 ôté de 3, reste encore 0. — 4 ôté de 8, reste 4. — 6 ôté de 9, reste 3.

3e *cas.* — Si le chiffre inférieur est plus grand que son correspondant supérieur, on ajoute à celui-ci dix unités de son ordre et l'on retranche de la somme le chiffre inférieur ; on pose le reste sous la colonne formée par ces deux chiffres. — Pour que l'augmentation faite en haut ne change pas la valeur du résultat, on augmente d'*un* le chiffre inférieur immédiatement à gauche, et l'on continue de même jusqu'à la fin.

Exemple : Soit à ôter 3935 de 6227. J'écris d'abord le plus grand nombre.. 6227
et le plus petit dessous............................ 3935

Reste.......... <u>2292</u>

1re *colonne* : 5 ôté de 7, reste 2.

2e *colonne* : 3 ôté de 2, cela ne se peut. Je mets *dix* dizaines (ce qui vaut une centaine) avec 2, cela fait 12 ; dès lors la soustraction est faisable, et je dis : 3 ôté de 12, reste 9.

3e *colonne* : Ayant augmenté d'une centaine ou dix dizaines le chiffre supérieur que je viens de quitter, j'ajoute une centaine au chiffre inférieur 9, ce qui fait le nombre 10 ; 10 ôté de 2, cela ne se peut ; j'ajoute au 2 un mille transformé en dix centaines, cela fait 12 ; 10 ôté de 12, reste 2.

4e *colonne.* Pour le même motif que ci-dessus, j'ajoute 1 à 3, et je dis : 4 ôté de 6, reste 2.

La différence est donc 2292, c'est ce que le plus grand des deux nombres a de plus petit ; c'est aussi ce qui manque au plus petit pour être égal au plus grand.

De quel signe se sert-on pour indiquer une soustraction ?

Pour indiquer une soustraction on se sert d'un petit trait horizontal (—) qu'on place entre le plus grand nombre à gauche èt le plus petit à droite ; il se prononce *moins*. Ainsi 15 — 7 = 8 se lirait : 15 *moins* 7 *égalent* 8.

EXERCICES A LIRE, PUIS A FAIRE.

436, 45 — 336, 45. 3580, 705 — 2430, 60. 3859, 25 — 2046. 2874, 60 — 1474, 60 3945, 67 — 2632. 5840, 35 — 2630, 35. 72400, 65 — 56420, 90. 3000, 40 — 2654, 305. 87591 — 32866, 34. 8764005—4953829,645. 20014, 30 — 17684, 29. 47005, 80 — 29618.

XVIIIe LEÇON.

Comment fait-on la preuve de la soustraction ?

On fait la preuve de la soustraction, c'est-à-dire on s'assure qu'une soustraction est exacte, en additionnant le reste avec le petit nombre. Le total de cette addition doit être égal au plus grand nombre.

Pourquoi ?

Parce que le reste est ce qui manque au plus petit des deux nombres pour valoir le plus grand. Ainsi, la différence de 15 à 20 est 5 ; 15, qui est le petit nombre, augmenté de 5, qui est la différence, est égal à 20.

Quels sont les usages de la soustraction ?

1.° Comme nous l'avons déjà dit, la soustraction sert à faire connaître la différence entre deux quantités de la même espèce ; 2° la soustraction sert à faire connaître ce qui reste encore à payer ou à recevoir d'une somme, ou d'une quantité d'objets dont on a reçu ou payé déjà une portion. *Exemple* : Mon père devait recevoir 200 fr., il n'en a reçu que 150, combien lui est-il encore dû? Il lui est encore dû ce qui manque à 150 fr. pour valoir 200 fr. Il faut donc retrancher 150 de 200, reste 50 fr. ; 3° la soustraction sert encore à faire trouver l'âge d'une personne ou d'un édifice, l'année de la naissance étant connue, et aussi à faire connaître l'année de la naissance, l'âge étant donné.

PROBLÈMES SUR LA SOUSTRACTION.

Nota. Les élèves, avant de résoudre, indiqueront l'opération au moyen du signe convenu.

1. Une montagne a 379 m. de hauteur ; une autre montagne, derrière la première, a 462 m. ; de combien celle-ci dépasse-t-elle l'autre ?

2. Jean possède 2740 fr. 60 c., Pierre n'a que 895 fr. ; combien Pierre a-t-il de moins que Jean ?

3. Une vigne a fourni 6740 litres de vin ; une autre vigne n'en a fourni que 4973 l. 75 ; combien la première a-t-elle donné de plus ?

4. En achetant pour 7320 fr. 80 de drap, un marchand n'en paie que 5800 fr. ; de quelle somme reste-t-il débiteur ?

5. Julien le tisserand s'est chargé de fabriquer 850 m. de toile ; il lui reste encore à faire 39 m. 45 ; combien en a-t-il déjà tissé ?

6. Quel est mon âge, si je suis né en 1834 ?

7. J'ai besoin de 7 fr., je n'ai que 0 fr. 85 ; combien me manque-t-il ?

8. Un ouvrier sage, ayant gagné 476 fr. 98 dans l'année, n'a dépensé que 369 fr. ; combien a-t-il économisé ?

9. Si mon père ajoutait 3 fr. 65 à ce que j'ai dans ma petite bourse, j'aurais 25 fr. juste, provenant de mes étrennes de deux ans ; quelle somme est-ce que je possède, si mon père n'y ajoute rien ?

10. Il faudrait à un entrepreneur 20760 fr. pour achever un travail important ; s'il lui manque 2897 fr. 50, combien a-t-il ?

PROBLÈMES DE RÉCAPITULATION

Sur les deux premières règles.

Nota. Il est bon d'habituer les élèves à indiquer les opérations qu'ils doivent résoudre au moyen des signes de convention. Rappelons-leur donc que cette petite croix droite (+) placée entre les nombres se prononce *plus,* et annonce une addition à faire ; qu'un petit trait horizontal (—) placé entre deux nombres se prononce *moins,* et annonce une soustraction à faire ; et qu'enfin deux petits traits horizontaux d'égale longueur (=) placés à la suite de ces indications se prononcent *égale,* et annoncent le résultat d'une ou de plusieurs opérations.

1. Pour lancer un cerf-volant, j'ai attaché bout à bout trois ficelles ; la première a 89 m. 75, la deuxième a 27 m., la troisième a 14 m. 70. Le cerf-volant lancé, la ficelle se brise et il ne m'en reste plus que 38 m. 90 dans la main ; combien le cerf-volant en a-t-il emporté ?

2. Il y a dans une famille cinq enfants ; pour les habiller, le père a a acheté 19 m. 45 d'étoffe; on en a employé 4 m. 35 pour les deux plus jeunes, 6 m. 65 pour les deux suivants ; combien reste-t-il encore, s'il en a fallu 3 m. 75 au cinquième ?

3. Trois hommes se réunissent pour donner une belle fête : Pierre fournit 60 fr.. Jules 45 fr. et Paul 95 fr. Tous les frais payés, il revient à Paul 17 fr. 35, à Jules 9 fr. 40, à Pierre 11 fr. 25 ; à combien s'est bornée la dépense de chacun, et combien la fête a-t-elle coûté ?

4. Mon loyer est de 208 fr. par an, ma pension de 430 fr. Il me faut 215 fr. de vêtements dans l'année et je présume que mes autres dépenses se monteront bien à 370 fr. 75. — Or, je gagne d'une place 750 fr. ; j'ai 687 fr. de revenu. Combien me restera-t-il à la fin de l'année ?

5. Une barrique contenait 219 l. 60 de vin qu'on a transvasé en partie dans trois dames-jeannes contenant, la 1re, 69 l. 50 ; la 2e, 52 l. 25 ; la 3e, 48 l. 15. Combien reste-t-il encore de vin dans la barrique ?

6. Un propriétaire a 5769 fr. 75 de rente sur propriété foncière, et 2600 de rentes sur fonds placés. S'il dépense pour lui et sa

famille 4,520 fr.; pour l'entretien de ses propriétés et les impôts, 789 fr. 65; en œuvres de charité, 356 fr. 80; en frais divers, 1896 fr. 70, combien lui reste-t-il chaque année ?

7. Au premier de l'an, papa me donna 0 fr. 50 d'étrennes ; maman, 0 fr. 30 ; un oncle, 2 fr. 26 ; l'autre, 1 fr. 75, et mes autres parents m'ont donné, entr'eux, 8 fr. 80. — J'ai distribué ainsi cet argent : à deux petits pauvres, 0 fr. 90 ; à mon petit neveu, un jouet de 2 fr. 15 ; à maman, 1 fr. 20 d'oranges ; pour moi, une boîte de compas, 4 fr. 35. Combien me reste-t-il de mes étrennes en argent ?

8. Un marchand établit ainsi son compte de liquidation : acheté et payé, draps, 27615 fr. 25; soieries, 19870 fr. ; velours, 8967 fr. 75 ; châles, 27693 fr. 85; nouveautés, 6580 fr. 35; objets divers, 5,976 fr. 40.

Vendu et reçu, draps, 26075 fr. 80 ; soieries, 15,308 fr. 95 ; velours, 8757 fr. 30; châles, 19894 fr. 50 ; nouveautés, 7836 fr. 75 ; objets divers, 6754 fr. 83 ; reste en magasin, 6687 fr. 92 ; vendu à recevoir, 8959 fr. 60.

Quel est son bénéfice ?

XIXᵉ LEÇON.

De la Multiplication.

Il y a 20 tambours à la tête d'un régiment; la caisse de chacun d'eux coûte 32 fr. : les vingt caisses coûtent donc vingt fois 32 fr., ou 640 fr.; ce prix de 640 fr. est donc le prix d'une caisse répété vingt fois.

Il y a 7 jours dans une semaine; combien 52 semaines font-elles de jours? Deux semaines feraient 2 fois 7 jours, 3 semaines feraient 3 fois 7 jours, 52 semaines feraient donc 52 fois 7 jours, ou 364 jours. Ce nombre 364 est donc la valeur de 7 répétée 52 fois.

La règle au moyen de laquelle on a résolu ces deux problèmes se nomme *multiplication*.

PREMIÈRE TABLE DE MULTIPLICATION.

2	fois	0	font	0	5	fois	0	font	0	8	fois	0	font	0

2 fois 0 font 0   5 fois 0 font 0   8 fois 0 font 0
2   1   2   5   1   5   8   1   8
2   2   4   5   2   10   8   2   16
2   3   6   5   3   15   8   3   24
2   4   8   5   4   20   8   4   32
2   5   10   5   5   25   8   5   40
2   6   12   5   6   30   8   6   48
2   7   14   5   7   35   8   7   56
2   8   16   5   8   40   8   8   64
2   9   18   5   9   45   8   9   72
2   10   20   5   10   50   8   10   80

3 fois 0 font 0   6 fois 0 font 0   9 fois 0 font 0
3   1   3   6   1   6   9   1   9
3   2   6   6   2   12   9   2   18
3   3   9   6   3   18   9   3   27
3   4   12   6   4   24   9   4   36
3   5   15   6   5   30   9   5   45
3   6   18   6   6   36   9   6   54
3   7   21   6   7   42   9   7   63
3   8   24   6   8   48   9   8   72
3   9   27   6   9   54   9   9   81
3   10   30   6   10   60   9   10   90

4 fois 0 font 0   7 fois 0 font 0   10 fois 0 font 0
4   1   4   7   1   7   10   1   10
4   2   8   7   2   14   10   2   20
4   3   12   7   3   21   10   3   30
4   4   16   7   4   28   10   4   40
4   5   20   7   5   35   10   5   50
4   6   24   7   6   42   10   6   60
4   7   28   7   7   49   10   7   70
4   8   32   7   8   56   10   8   80
4   9   36   7   9   63   10   9   90
4   10   40   7   10   70   10   10   100

XXᵉ LEÇON.

Qu'est-ce que la multiplication ?

La multiplication est une opération par laquelle on répète un nombre autant de fois qu'un autre nombre contient d'unités et parties d'unités. Le résultat se nomme *produit*.

Dans le premier problème, celui des tambours, où l'on a répété 32 vingt fois, 640 fr. est le *produit*.

Comment s'appellent les deux nombres donnés pour la multiplication ?

Les deux nombres donnés pour une multiplication se nomment les *facteurs*, les *formateurs* du produit, parce qu'ils servent à le *former*, à le *faire*.

Dans le problème des tambours, 32 et 20 sont les *facteurs* ; ils ont servi à faire le produit 640.

Chaque facteur n'a-t-il pas son nom particulier ?

Oui, chaque facteur a son nom propre : le facteur qu'il faut multiplier s'appelle *multiplicande*, c'est le nombre qu'on place le premier ; le facteur par lequel on doit multiplier s'appelle *multiplicateur* ; il se place sous le multiplicande.

Dans le problème ci-dessus relatif aux tambours, le multiplicande est 32, parce que c'est le nombre *à multiplier* ; le multiplicateur est 20, parce que c'est par ce nombre qu'*on doit multiplier* 32 francs.

Quel est donc, en général, le nombre à multiplier ?

Le nombre à multiplier, c'est-à-dire le multiplicande, est celui dont les unités sont de la même espèce que celles que l'on cherche au produit.

Mais, dans la pratique, le multiplicande est celui des facteurs qui renferme le plus de chiffres.

Nota. Nous reverrons cette question plus loin.

2*

EXERCICES POUR LA MULTIPLICATION DE TÊTE.

Nota. Le sou vaut 5 centimes.

1. Combien coûteraient 12 pelotes à 3 sous l'une ?
2.   *Id.*   15 cerceaux à 5 sous l'un ?
3.   *Id.*   30 mouchoirs à 1 franc ?
4.   *Id.*   25   *id.*   à 2 francs ?
5.   *Id.*   18 casquettes à 3 francs ?
6.   *Id.*   13 boîtes de plumes à 22 sous ?
7.   *Id.*   8 cahiers à 2 sous et demi ?
8.   *Id.*   24 chaises à 3 francs ?

Quel est le multiplicande ? Quel est le multiplicateur ?

9. Combien 5 sous valent-ils de centimes ?
10.   —   12 — valent-ils de centimes ?
11. Et 15 sous ? Et 20 sous ? Et 6 sous ? Et 18 sous ?

Pourquoi ?

12. Combien coûtent 8 kilos de fer à 0 fr. 60 le kilo ?
13.   *Id.*   5   — de sel à 0 fr. 20 le kilo ?
14.   *Id.*   39 crayons à 0 fr. 10 l'un ?
15.   *Id.*   5 douzaines d'assiettes à 2 fr. 50 la douzaine ?
16   *Id.*   9 chapeaux à 7 fr. 25 l'un ?
17.   *Id.*   17 paires de souliers à 5 fr. 30 la paire ?
18.   *Id.*   25 mains de papier à 1 fr. 15 l'une ?
19. Combien pèsent 19 fromages, si un seul pèse 2 kilos ?
20. Combien coûtent 27 mètres de toile, à 1 fr. 50 le mètre ?
21. Une roue de 3 mètres de tour a tourné 75 fois en courant, quelle longueur de chemin a-t-elle parcourue ?
22. Le jour est de 24 heures de 60 minutes chacune, combien de minutes dans un jour ?
23. Un ouvrier gagne 2 fr. 25 par jour ; combien gagne-t-il en 30 jours ou en un mois ?
24. Combien coûtent 12 brouettes 3 fr. 50 l'une ?

XXIᵉ LEÇON.

Du zéro nul et du zéro actif.

Quand le zéro est-il nul, c'est-à dire sans effet, sans importance ?

Un zéro et même plusieurs zéros sont *nuls* à la gauche

des nombres entiers et à la droite des fractions décimales. Ainsi, 1° je peux mettre autant de zéros que je veux
à la gauche de 25, et ce nombre exprimera toujours vingt-
cinq unités simples :

00000025

En effet, le chiffre 5 n'a pas changé de place, et conséquemment il représente toujours des unités ; le chiffre
2 représente également toujours des dizaines.

Cependant ce serait une faute que d'écrire les nombres entiers
avec des zéros à leur gauche.

2° Je peux mettre autant de zéros que je veux à
la droite de 0 f. 25 , sans changer la valeur de cette
fraction. En effet, chaque chiffre occupe encore la place
qu'il occupait par rapport à la virgule, et il exprime par
conséquent la même valeur.

Quand le zéro est-il actif ?

Le zéro est *actif* quand il est à la droite d'un nombre
entier ou à la gauche d'une fraction décimale.

1er *exemple* : Si à la droite de 25 je mets un zéro, j'aurai 250 ; le 5, qui exprimait d'abord des unités simples,
représente maintenant des dizaines ; le 2, qui exprimait
des dizaines, représente maintenant des centaines.

2e *exemple* : Si à la gauche de la fraction décimale 45
centièmes, 0,45, je mets un zéro, j'aurai 0,045 ; le 4, qui
exprimait des dixièmes, représente des centièmes ; le 5,
qui exprimait des centièmes, représente des millièmes.

A la droite d'un nombre entier, le zéro rend ce nombre
plus fort. A la gauche d'une fraction décimale, il rend
cette fraction moindre.

EFFETS DE LA VIRGULE.

Quels sont les effets de la virgule dans le calcul ?

Quand on porte vers la droite la virgule d'un nombre

décimal, ce nombre devient plus grand. Cela se démontre, comme pour le zéro, par le déplacement des chiffres.

Quand on porte la virgule vers la gauche, c'est l'effet contraire ; le nombre devient plus petit.

XXIIe LEÇON.

Multiplication par 10, 100, 1000.

Dites et démontrez ce qu'on doit faire pour rendre un nombre entier dix, cent, mille fois, etc., plus grand, c'est-à-dire pour le multiplier par 10, par 100, par 1000, etc.

On multiplie un nombre *entier* par dix, par cent, par mille, par dix mille, etc., en ajoutant à sa droite un zéro, deux zéros, trois zéros, etc.

Pour le démontrer, soit le nombre 25 à multiplier par 100, il deviendra 2500. Je dis que 2500 est cent fois plus grand que 25. En effet, dans 25 le chiffre 5 exprime des *unités* ; dans 2500 il exprime des *centaines*, valeurs cent fois plus grandes. Dans 25, le chiffre 2 exprime des *dizaines* ; dans 2500 il exprime des *unités de mille*, valeurs encore cent fois plus grandes. Chaque chiffre a acquis une valeur centuple ; le nombre tout entier est donc cent fois plus grand.

Dites et démontrez ce qu'il faut faire pour multiplier promptement un nombre décimal par 10, par 100, par 1000, etc.

On multiplie un nombre décimal ou une fraction décimale, par 10, 100 ou 1000, en avançant la virgule d'un, de deux, de trois rangs vers la droite.

De sorte que 2,547 multiplié par   10 donne   25,47
si je multiplie par 100 j'aurai 254,7
si je multiplie par 1000 j'aurai 2547, »

La démonstration se fait comme pour le premier cas.

Comment rend-on un nombre 10 fois, 100 fois, 1000 fois plus petit ?

Cela se fait au moyen de la virgule, que l'on recule d'un, de deux ou de trois rangs vers la gauche.

Pour le démontrer, soit le nombre 245 à rendre cent fois moindre ; il deviendra 2,45. Je dis que ce dernier nombre est cent fois moindre que 245. En effet, dans 245 le chiffre 5 exprime des unités simples ; dans 2,45 il exprime des centièmes, quantités cent fois plus petites. Il en est de même des autres chiffres. Le résultat est donc bien cent fois moindre que 245.

Comment multiplie-t-on par un seul chiffre les nombres composés uniquement du chiffre 1 ?

Pour multiplier par un seul chiffre les nombres qui n'ont que des 1, on remplace tous ces 1 par autant de chiffres semblables au multiplicateur.

Ainsi, 11 fois 7 font 77 ; 111 fois 5 font 555 : 1111 fois 9 font 9999.

Quel est le signe de la multiplication ?

C'est une croix renversée ($\times$) que l'on place entre les deux facteurs et qui se prononce *multiplié par*.

Ainsi $8 \times 9 = 72$, se lit 8 *multiplié par* 9 égale 72.

EXERCICES A LIRE, A FAIRE DE TÊTE, PUIS A ÉCRIRE.

9×10. 4×100. 6×1000. 50×10. 37×100. 83×1000. 17×100. 25×1000. 94×1000. $2,30 \times 10$. $4,15 \times 100$ $36,25 \times 1000$. $47,6 \times 100$. $543,75 \times 1000$. $0,45 \times 1000$. $549,195 \times 10000$. $0,275 \times 100$. $0,2 \times 1000$. 11×6. 11×8. 111×8. 111×4. 1111×3. 11111×9. 111111×3. 11111×5. 1111×7.

XXIIIᵉ LEÇON.

DEUXIÈME TABLE DE MULTIPLICATION.

2 fois 2 font 4	2 fois 224 font 448	3 fois 7 font 21
2 4 8	—	3 21 63
2 8 16	2 fois 9 font 18	—
2 16 32	2 18 36	3 fois 8 font 24
2 32 64	2 36 72	3 24 72
2 64 128	2 72 144	—
—	2 144 288	3 fois 10 font 30
2 fois 3 font 6	—	3 30 90
2 6 12	2 fois 11 font 22	3 90 270
2 12 24	2 22 44	—
2 24 48	2 44 88	3 fois 11 font 33
2 48 96	—	3 33 99
2 96 192	3 fois 3 font 9	—
—	3 9 27	4 fois 4 font 16
2 fois 5 font 10	3 27 81	4 16 64
2 10 20	—	—
2 20 40	3 fois 4 font 12	4 fois 5 font 20
2 40 80	3 12 36	4 20 80
2 80 160	3 36 108	—
2 160 320	—	4 fois 6 font 24
—	3 fois 5 font 15	4 24 96
2 fois 7 font 14	3 15 45	—
2 14 28	—	5 fois 5 font 25
2 28 56	3 fois 6 font 18	5 25 125
2 56 112	3 18 54	—
2 112 224	—	5 fois 125 font 625

XXIVe LEÇON.

Combien y a-t-il de cas dans la multiplication?

Dans la multiplication, il y a cinq cas différents. On peut avoir :

1° *Un nombre de plusieurs chiffres à multiplier par un seul chiffre;*

2° *Deux nombres entiers de plusieurs chiffres à multiplier l'un par l'autre;*

3° *Un nombre entier, ayant ou non des zéros à sa droite, à multiplier par un autre entier ayant à sa droite un ou plusieurs zéros, ou réciproquement;*

4° *Un nombre entier à multiplier par un décimal, ou deux nombres décimaux l'un par l'autre;*

5° *Un nombre quelconque, entier ou décimal, à multiplier par un nombre qui renferme des zéros entre ses chiffres significatifs.*

1er *cas.* — Pour plus de facilité, on doit mettre le plus petit nombre sous le plus grand, et les unités de même ordre les unes sous les autres. — On tire une ligne et on commence l'opération par la droite. *Ex.* : 325×8

Multiplicande. 325

8 multiplicateur.

2600 produit.

Je dis : 8 fois 3 font 40 unités, je pose 8 et je retiens 4 pour les dizaines. 8 fois 2 font 16 dizaines, et 4 de retenue font 20 ; je pose 0 et je retiens 2 pour les centaines. 8 fois 3 font 24 centaines, et 2 de retenue font 26 que je pose, parce que c'est le dernier chiffre à gauche que j'ai multiplié. Le produit est donc 2600.

Remarque. Le nombre que l'on met dessus est toujours le multiplicande, *mais, dans les multiplications de nombres concrets, le vrai multiplicande est le nombre dont les unités sont de la même espèce que celles que l'on cherche au produit;* c'est-à-dire que quand on cherche des francs au produit, le multiplicande doit exprimer des francs ; quand on cherche des mètres au produit, le multiplicande doit exprimer des mètres. (C'est à dessein que nous nous répétons.)

EXERCICES.

345×3. 2839×7. 6734×8. 14875 f. $\times 9$. 7516 m. $\times 5$. 245629 m. $\times 6$. 362931 f. $\times 7$. 485976 f. $\times 5$. 398765×8. 984376 f. $\times 4$. 45897 m. $\times 9$.

XXVᵉ LEÇON.

Multiplication (2ᵉ cas).

Au maître. — Avant d'expliquer ce cas, et afin que la démonstration en soit facilement comprise par les élèves, le maître doit s'attacher à leur faire bien comprendre que quand on multiplie des unités par des dizaines, le produit exprime des dizaines; de même, quand on multiplie des unités par des centaines, le produit exprime des centaines.

Expliquez le second cas de la multiplication.

Le second cas est celui où l'on a *deux nombres entiers de plusieurs chiffres à multiplier l'un par l'autre.*

Dans ce cas, on ne considère qu'un à un chacun des chiffres du multiplicateur, et alors ce cas n'est pas plus difficile que le premier cas. On doit avoir soin seulement de reculer le premier chiffre de chaque produit partiel d'un rang vers la gauche.

Pourquoi faut-il reculer chaque produit partiel d'un rang de plus vers la gauche ?

Il est facile d'expliquer pourquoi on recule chaque produit partiel d'un rang vers la gauche, à partir du chiffre des dizaines du multiplicateur.

En effet, 1° en multipliant les unités du multiplicande par les dizaines du multiplicateur, on a produit des *di-*

zaines qu'il faut donc écrire sous les dizaines du premier produit partiel.

2° En multipliant les unités du multiplicande par les centaines du multiplicateur, on obtient, au produit, des *centaines* qu'il faut donc écrire dans la colonne des centaines, c'est-à-dire dans la troisième à gauche.

3° En multipliant les unités du multiplicande par les mille du multiplicateur, on a, au produit, des *mille* qu'il faut donc écrire dans la colonne des mille, c'est-à-dire dans la quatrième à gauche.

Ce mouvement rétrograde de chaque produit partiel d'un rang vers la gauche tient donc à la valeur relative de chacun des chiffres qui composent le multiplicateur.

Les unités de même espèce se trouvant ainsi bien placées les unes sous les autres, quand tous les chiffres du multiplicateur ont servi on souligne les produits partiels et l'on en fait l'addition.

EXPLICATION.

Soit 1395 × 374.

$$
\begin{array}{rl}
\text{multiplicande. } 1395 & \\
374 & \text{multiplicateur.} \\
\hline
5580 & \text{1}^{\text{er}}\text{ produit partiel.} \\
9765 & \text{2}^{\text{e}}\text{ produit partiel.} \\
4185 & \text{3}^{\text{e}}\text{ produit partiel.} \\
\hline
521730 & \text{produit total.}
\end{array}
$$

1ᵉʳ chiffre du mult^r. — 4 fois 5 font 20, je pose 0 et retiens 2.

4 fois 9 font 36 et 2 font 38, je pose 8 et retiens 3.

4 fois 3 font 12 et 3 de retenue 15, je pose 5 et retiens 1.

4 fois 1 font 4 et 1 de retenue 5, que j'écris.

2ᵉ chiffre. — 7 fois 5 font 35 dizaines, ou 5 dizaines et 3 centaines, je pose 5 sous le 8 et retiens 3.

9 fois 9 font 63 et 3 de retenue font 66, je pose 6 et retiens 6.

7 fois 3 font 21 et 6 de retenue font 27, je pose 7 et retiens 2.

7 fois 1 font 7 et 2 de retenue font 9, que je pose.

3e chiffre. — 3 fois 5 font 15 centaines, ou 5 centaines et 1 mille, je pose 5 sous le 6, qui exprime des centaines, et retiens 1.

3 fois 9 font 27 et 1 de retenue font 28, je pose 8 et retiens 2.

3 fois 3 font 9 et 2 de retenue font 11, je pose 1 et retiens 1.

3 fois 1 font 3 et 1 de retenue font 4, que je pose.

Je souligne le tout et je fais l'addition. — Le produit est donc 521730.

Nota. Il est préférable que le maître fasse lui-même cette explication de vive voix, au tableau, par le motif déjà émis.

EXERCICES.

639 × 35.   2397 × 654.   82645 × 328.   17854 × 2438.
78939 × 1349.   387259 × 28345.   75469 × 42897.
1732984 × 48456.   5963784 × 87593.

XXVIe LEÇON.

Multiplication (3e cas).

Expliquez le troisième cas de la multiplication.

Le troisième cas de la multiplication est celui *d'un nombre entier ayant ou non des zéros à sa droite, à multiplier par un autre entier ayant à sa droite un ou plusieurs zéros, ou réciproquement.*

Quand on a un ou plusieurs zéros à la droite des facteurs, on n'y fait pas attention dans le cours de l'opération ; et quand on a trouvé le produit, on les met tous à sa droite.

Pourquoi ne met-on pas ordinairement à la droite de chaque produit partiel les zéros qui devraient y être, et pourquoi doit-on mettre tous ces zéros à la droite du produit total ?

1° On évite de mettre les zéros à la droite des produits partiels, pour employer moins de temps.

2° On doit mettre tous ces zéros à la droite du produit total. Supposons, en effet, qu'il y en ait deux à la droite du multiplicande et un à la droite du multiplicateur. — En négligeant les deux zéros du multiplicande, nous rendons ce nombre cent fois plus petit; le produit sera donc aussi cent fois trop faible. — En négligeant le zéro du multiplicateur, nous rendons ce nombre dix fois plus petit; le produit le sera donc aussi.

D'un côté donc, le produit a été rendu cent fois trop faible; de l'autre, dix fois. — Or, 100 fois 10 font 1000 : donc en tout le produit est mille fois trop faible; pour le rendre à sa juste valeur, il faut le multiplier par ce même nombre mille, en ajoutant trois zéros à sa droite.

EXERCICES.

7490 × 650. 87500 × 3290. 647000 × 5480. 9254000 × 760000. 7298000 × 85600. 579000 × 6840.

XXVIIe LEÇON.

Multiplication (4e cas).

Expliquez le quatrième cas de la multiplication.

Le quatrième cas de la multiplication est celui *d'un nombre entier à multiplier par un nombre décimal, ou de deux nombres décimaux à multiplier l'un par l'autre.*

Dans ce cas, on fait l'opération comme à l'ordinaire, sans avoir d'abord égard à la virgule. Seulement, quand l'opération est finie, on a soin de séparer sur la droite du produit autant de chiffres qu'il y en a dans les deux facteurs réunis : s'il y en a deux au multiplicande, j'en sépare deux au produit; s'il y en a deux au multiplicande et deux au multiplicateur, j'en sépare quatre sur la droite du produit.

Exemple : 432,59 × 25,15 — 10879, 6585.

Pourquoi doit-on séparer ainsi les chiffres?

Voici pourquoi. Supposons qu'il y ait deux chiffres décimaux au multiplicande; en y négligeant la virgule, le nombre devient cent fois plus grand, le produit le sera donc aussi. Pour l'avoir exact, il faut le rendre cent fois moindre; ce qui se fait en mettant une virgule après deux chiffres à gauche.

Supposons maintenant deux chiffres décimaux aussi au multiplicateur. En y négligeant la virgule, ce nombre devient cent fois plus grand, le produit le sera donc aussi; pour l'avoir exact, il faut le rendre cent fois moindre; ce qui se fait en mettant la virgule après deux chiffres de plus à gauche.

Donc, quand on a quatre chiffres décimaux aux facteurs et qu'on en néglige les virgules, le produit devient dix mille fois trop fort, et pour l'avoir exact il faut le rendre dix mille fois moindre en mettant une virgule après quatre chiffres à gauche du produit.

EXERCICES.

65,30 × 937. 2945 f. 35 × 29. 643 f. 05 × 37,40. 1367 f. 65 × 1739. 879 m. 25 × 629,50. 2438 f. 15 × 97,7564. 43591 f. 174 × 1639,325. 40317 m. 875 × 89,2561. 2450 f. 314 × 825000. 7600 f. 42 × 74,8435.

XXVIIIe LEÇON.

Multiplication (5e cas).

Expliquez le cinquième cas de la multiplication.

Le cinquième cas de la multiplication est celui d'*un*

nombre quelconque, entier ou décimal, à multiplier par un nombre renfermant des zéros entre ses chiffres signifi-catifs.

Quand ce cas se présente, on ne multiplie pas par zéro et l'on recule le produit partiel d'autant de rangs de plus à gauche qu'il y a de zéros au multiplicateur. Ainsi, quand il y a un zéro, le premier chiffre du produit partiel suivant sera mis *deux* rangs au lieu d'*un* vers la gauche; quand il y a deux zéros, *trois* rangs; quand il y a trois zéros, *quatre* rangs, etc.

Exemples :

$$673^f49 \times 4208$$

```
    5387 92
 134698      ** à cause du
269396          zéro.
────────
2834045 f 92
```

$$74^f43 \times 2008$$

```
  595 44
14886*      ** à cause des deux zéros
─────────       du multiplicateur.
149455 f 44
```

(Le maître pourra en donner la raison, qui découle des explications données sur le 2e cas.) Il est utile d'insister sur ces explications : elles exercent l'intelligence.

EXERCICES.

8534×6705. $429,75 \times 86,003$. $5274,5 \times 830,405$. $4876,30 \times 25009,04$. $6952,37 \times 470900,40$. $87054 \times 0,895$. $7589,75 \times 6004,80$. $5786,35 \times 9807,06$. $678,495 \times 890,07$. $9483,5 \times 800,065$.

XXIXe LEÇON.

Preuves de la Multiplication.

Comment se fait la preuve de la multiplication ?

Il y a plusieurs preuves de la multiplication.

1re *preuve* : On renverse l'ordre des facteurs, c'est-à-dire on met le multiplicande en multiplicateur, et le multiplicateur en multiplicande ; et l'on recommence l'opération , qui doit donner le même produit que la première.

Cette preuve est la plus facile et elle est sûre.

Pourquoi doit-on retrouver le premier produit ?

Parce qu'on peut intervertir l'ordre des facteurs sans changer la valeur de leur produit; c'est-à-dire que 4×3 donne 12 comme 3×4.

2ᵉ *preuve :* On double l'un des facteurs et l'on multiplie le nouveau nombre par l'autre facteur, leur produit doit être égal au double du premier produit.

<table>
<tr><td>*Exemple :* 432, 59</td><td>*Preuve :* 432, 59</td></tr>
<tr><td>26</td><td>Je double 26 = 52</td></tr>
<tr><td>2595 54</td><td>865 18</td></tr>
<tr><td>8651 8</td><td>21 629 5</td></tr>
<tr><td>11247, 34</td><td>22494, 68</td></tr>
</table>

En multipliant le premier produit 11247,34 par 2, je trouve le second 22494,68 : ma première opération est donc exacte.

3ᵉ *preuve :* La troisième preuve de la multiplication se fait par la division. On ne peut donc apprendre à la faire que quand on connaît cette quatrième règle.

XXXᵉ LEÇON.

Usages de la Multiplication et Remarques.

Dans quel cas doit-on faire usage de la multiplication?

On doit faire usage de la multiplication ; 1° dans tout problème qui a pour but de *trouver la valeur de plusieurs objets de la même espèce, le prix de l'unité étant donné.*

Exemple : Si une chaise coûte 2 fr. 75, combien coûteraient 36 chaises ?

2° On doit faire une multiplication quand il s'agit *de rendre une quantité donnée un certain nombre de fois plus grande.*

Ex. : Un objet pèse 17 kilogr., un autre pèse 5 fois plus ; quel est le poids de ce dernier objet ?

Pour faciliter le calcul, lequel des deux facteurs donnés doit-on mettre en multiplicande ?

Pour faciliter les calculs on doit avoir soin de mettre en multiplicande celui des deux facteurs qui renferme le plus de chiffres, abstraction faite des zéros placés à droite.

Quel est le vrai multiplicande ?

Nous l'avons déjà dit, quand les facteurs sont deux nombres abstraits, comme dans nos *exercices*, le multiplicande est toujours le plus grand des deux.

Quand un des facteurs est concret, c'est lui qui est le vrai multiplicande.

Quand les deux facteurs sont concrets, le vrai multiplicande est celui dont les unités sont de la même espèce que celles qu'on cherche au produit.

PROBLÈMES.

Nota. Ces problèmes, qui seront donnés en devoir, il est utile de les faire résoudre ensuite au tableau, avec raisonnement.

1. Que chaque élève trouve son âge en heures ?

2. Une journée d'ouvrier coûtant 1 fr. 25, combien coûteraient 43 journées ?

3. Chaque grain de blé qu'on sème produisant un épi de 37 grains, combien de grains de blé rapporteraient 1000 grains semés ?

4. L'année moyenne étant de 365 jours, combien de jours se sont écoulés déjà depuis Jésus-Christ ?

5. Une pièce de drap est de 64 m. 35 ; si le mètre de ce drap coûte 9 fr. 75, quelle est la valeur de la pièce ?

5. Un wagon parcourt 53800 m. par jour; quelle distance parcourrait-il en 5 fois 24 heures ?

7. Pour un soldat il faut 7 fr. 30 par semaine; quelle somme faudrait-il pour 10 soldats, — pour 100, — pour une armée de 10000 hommes ?

7. Un mètre de ruban coûtant 0 fr. 675, combien me coûteraient 0 m. 70 ?

9. Un marchand achète 10 pièces de toile, de 100 m. chacune, à 3 fr. 48 le mètre; quelle somme déboursera-t-il ?

10. Pour 1 fr. on a 394 m. 70 de fil; quelle quantité en aurait-on pour 0 fr. 85 seulement ?

XXXIᵉ LEÇON.

Résumé des Leçons sur la Multiplication.

1° La multiplication est une opération par laquelle on répète un nombre appelé multiplicande autant de fois qu'un autre nombre appelé multiplicateur contient d'unités et de parties d'unités.

2° Voici une définition plus générale : *La multiplication est une opération par laquelle deux nombres étant donnés, l'un appelé multiplicande et l'autre multiplicateur, on en cherche un troisième, appelé produit, qui soit formé du premier comme le second est formé de l'unité.*

3° Pour multiplier un nombre entier par 10 — 100 — 1000, etc., on ajoute un, deux ou trois zéros à sa droite.

4° Pour multiplier un nombre décimal par 10 — 100 — 1000, etc., on avance la virgule d'un, de deux, de trois rangs vers la droite.

5° Il y a cinq cas dans la multiplication; voici les plus difficiles :

Quand on a des zéros à la droite des facteurs, on les néglige dans le cours de l'opération, pour diminuer la longueur des calculs, et on les ajoute tous à la droite du produit définitif.

Quand on a des décimales dans les facteurs, on néglige la virgule dans le cours de l'opération ; mais on a soin, le produit étant fait, de séparer sur sa droite autant de chiffres qu'il y en a de décimaux dans les deux facteurs réunis.

Quand il y a des zéros entre les chiffres significatifs du multiplicateur, on les néglige, et l'on passe au chiffre significatif qui le suit immédiatement. Mais l'on a soin de reculer le produit partiel suivant d'autant de rangs de plus vers la gauche que l'on avait de zéros.

6° On fait la preuve d'une multiplication en renversant l'ordre des facteurs et en recommençant l'opération avec cet ordre nouveau. Le produit de cette seconde multiplication devra être égal au produit de la première.

PROBLÈMES DE RÉCAPITULATION

Sur les trois premières règles.

1. Un chapelier achète 25 chapeaux à 9 f. l'un : 37 à 12 fr. 35, et 45 à 10 fr., comb. a-t-il acheté de chapeaux, comb. lui coûtent-ils ?

2. Après avoir acheté 8 m. 45 d'étoffe à 9 fr. 65 le mètre, je la revends pour 90 fr. 15. Quel est mon bénéfice ?

3. Les roues d'un cabriolet ont 3 m. 25 de tour, elles ont tourné, en traçant une route droite, 8790 fois ; la route entière à parcourir étant de 30000 m., quelle distance reste-t-il encore ?

4. Un enfant est né en 1839, les 5 premières années il a coûté en moyenne 325 fr. par an à sa famille ; les suivantes coûtent 432 fr. Combien cet enfant a-t-il déjà coûté à la fin de l'an dernier ?

5. Un marchand de meubles vend 5 douzaines de chaises à 3 fr. 25 la chaise, 2 douzaines à 7 fr. 50, 3 commodes à 85 fr., 2 lits complets à 420 fr. 30. Il calcule que les premières chaises lui ont coûté 2 fr. 70 l'une, les secondes 6 fr. 25, les 3 commodes 210 fr., et que chaque lit complet lui donne un bénéfice de 35 fr. 40. Quel bénéfice a-t-il sur toute sa vente ?

6. Une pauvre mendiante fait par semaine deux quêtes, de 0 fr. 85 l'une environ ; — les autres jours elle gagne à filer 0 fr. 25 par jour ; — le pain qu'on lui donne par charité lui suffit, moins 1 kilo qu'elle en achète par semaine et qui lui coûte 0 fr. 23 ; — son logement lui coûte 18 fr. par an ; — les vêtements et le blanchissage 47 fr. 45 ; si l'entretien d'un enfant lui coûte 5 fr. 32 par mois, combien lui manquera-t-il à la fin de l'année ?

7. On achète 375 rames de papier à 6 fr. 35 ; on en revend 280 à 6 fr. 725, et le reste à 7 fr. 20 : quel bénéfice réalise-t-on ?

8. Les terrassements et travaux d'art d'un chemin de fer coûtent en moyenne 83 fr. 26 le mètre, un atelier d'ouvriers qui en ont fait 1 kilom. à ces conditions n'a reçu encore que dix paiements égaux de 7327 fr. chacun, et un autre de 5983 fr., combien est-il encore dû ?

9. Un ouvrier travaille depuis sept ans dans la même fabrique : les 4 premières années, à raison de 65 fr. par mois ; les 3 autres, à 72 fr. — Il a mis régulièrement 125 fr. par an à la Caisse d'épargne, et donné à sa mère 10 fr. par mois. Combien a-t-il dépensé pour lui-même durant les 7 années ?

10. On achète, à 0 fr. 025 le mètre, 1000 mètres de ruban, et 532 m.-80 d'un autre ruban à 0 fr. 735. Si l'on revend le premier pour 34 fr. 69, et le second à raison de 0 fr. 085 le décimètre, quel bénéfice réalise-t-on ?

11. Napoléon Ier naquit en Corse en 1769, fut capitaine en 1793, général en chef en 1794, premier consul en 1799, empereur l'an 1804, et mourut l'an 1821. Quel âge avait-il à ces diverses époques ?

12. La solde d'une armée de 45000 hommes coûte journellement à l'Etat, à raison de 685 fr. par 1000 hommes, en moyenne, sur le pied de guerre. Si elle reste 15 jours en campagne sans perdre de monde, et que son effectif se réduise ensuite à raison de 149 hommes par jour, combien aura-t-elle coûté au bout de 27 jours ?

13. Un jeune homme part pour l'armée. Après quelques années, sa conduite, son courage et son savoir lui valent : 1° le grade de capitaine ; 2° un mariage avantageux. — Alors il commence à venir en aide à ses vieux parents, à raison de 125 fr. par mois. Ses ressources étant à raison de 14 fr. 70 par jour, on demande à combien

elles se réduisent 1° chaque mois, 2° chaque année, par suite de cette seule dépense?

14. L'hôtel des Invalides de Paris fut ouvert en 1674. Supposé qu'en moyenne il ait réuni chaque année 1247 invalides de tout grade, et que la dépense de chacun y soit en moyenne de 635 fr. 49 par an, on demande 1° l'âge de l'hôtel à l'année courante; 2° la somme que les invalides y ont dépensée depuis sa fondation jusqu'à l'année courante non comprise.

15. Lors des inondations de 1855, les souscriptions ouvertes dans les 635 écoles d'un département produisirent une somme de 6987 fr. 75, fournie par les élèves et leurs maîtres. Ceux-ci ayant souscrit pour 2 fr. chacun, quel fut le chiffre total de la souscription des élèves?

16. On a nourri pendant 3 ans une vache qui avait coûté de premier achat 285 fr. — Sa nourriture étant estimée à 320 fr. par an, et son rendement en lait, etc., à 57 fr. par mois, si on la revend pour 305 fr., quel bénéfice a-t-elle produit au fermier?

17. Il y a dans une imprimerie 27 ouvriers dont 9 à 2 fr. 55 par jour, — 3 à 4 fr. et les autres à 1 fr 75. S'ils travaillent six jours par semaine, laissant chaque semaine 0 fr. 80 à un fonds commun de secours, on demande : 1° quelle somme il faut au chef chaque semaine pour le paiement; 2° quelle somme reste aux ouvriers; 3° combien ils auront dans leur caisse de secours après 52 semaines, s'il n'en sort rien.

18. Une terre de 2 hectares coûte 146 fr. de loyer. On l'a ensemencée de pommes de terre. Les frais de culture par hectare s'élèvent à 198 fr. — Les frais d'engrais, de récolte et de transport, vont à 297 f. 85 par hectare. — Si l'on retire de cette terre 405 quintaux de pommes de terre, vendues 3 f. 05 l'un, quel est le bénéfice du fermier?

19. Une commune compte 145 hect. de terre ensemencée de froment. On a employé 2 hectol. 15 de semence par hectare. — Le produit de la récolte a été à raison de 15 hectol. 72 par hectare. Si l'hectolitre coûte 26 fr., quelle différence y a-t-il entre la valeur en argent du grain semé et du grain récolté?

20. Un marchand de bétail achète 23 bœufs à 285 fr. l'un, — 35 vaches à 247 fr. l'une, — 314 moutons à 18 fr. 75. — S'il revend les bœufs 7927 fr., les vaches 9715 fr. et les moutons 6870 fr., combien gagne-t-il sur les bœufs, sur les vaches, sur les moutons?

21. Une maison m'a coûté 12069 fr. d'achat. Je la garde 10 ans, puis je la revends 13800 fr. — Si elle m'a coûté, chaque année, 56 fr. 70 de réparations, et si elle m'a rapporté 585 fr. de loyer annuel, quel a été mon profit?

22. Un marchand achète 280 hectol. de grain, à 12 fr. 83 le demi-hectol. Au marché suivant il en revend 78 hectol., avec une baisse de 0 fr. 27 par demi-hectol. A un autre marché il se défait du reste, moyennant un bénéfice de 0 fr. 48 par hectol. Combien a-t-il gagné définitivement?

23. Une loterie de charité émet 400000 billets à 1 fr. La valeur des lots à gagner étant estimée à 120000 fr, et les autres frais à 8085 fr. 95, quelle somme restera-t-il à la loterie, sachant qu'en outre il faudra payer, pendant un an, 5 employés au traitement moyen de 2075 fr. l'un.

24. Un convoi de chemin de fer se compose de 908 voyageurs, savoir : 105 de 1re classe, à 23 fr. 65 ; 329 de 2e classe, à 17 fr. 70, et le reste, de 3e classe, à 13 fr. Si les frais de la compagnie sont estimés à 8709 fr. 75, quel profit retire-t-elle de ce convoi?

XXXIIe LEÇON.

De la Division.

20 caisses de tambours ont coûté 640 fr. : combien coûte UNE SEULE CAISSE DE TAMBOUR ?

Chaque caisse de tambour coûte la vingtième partie de 640 fr. = 32 francs.

364 jours composent 52 semaines : de combien de jours UNE SEULE SEMAINE se compose-t-elle?

Chaque semaine se compose de la cinquante-deuxième partie de 364 = 7 jours.

La règle au moyen de laquelle nous avons résolu ces deux problèmes se nomme *division*.

TABLE DE DIVISION.

En 2 comb de fois 2 = 1 fois			En 5 comb. de fois 5 = 1 fo.s			En 8 comb de fois 8 = 1 fois		
4	2	2	10	5	2	16	8	2
6	2	3	15	5	3	24	8	3
8	2	4	20	5	4	32	8	4
10	2	5	25	5	5	40	8	5
12	2	6	30	5	6	48	8	6
14	2	7	35	5	7	56	8	7
16	2	8	40	5	8	64	8	8
18	2	9	45	5	9	72	8	9
20	2	10	50	5	10	80	8	10

En 3 comb. de fois 3 = 1 fois			En 6 comb. de fois 6 = 1 fois			En 9 comb. de fois 9 = 1 fois		
6	3	2	12	6	2	18	9	2
9	3	3	18	6	3	27	9	3
12	3	4	24	6	4	36	9	4
15	3	5	30	6	5	45	9	5
18	3	6	36	6	6	54	9	6
21	3	7	42	6	7	63	9	7
24	3	8	48	6	8	72	9	8
27	3	9	54	6	9	81	9	9
30	3	10	60	6	10	90	9	10

En 4 comb. de fois 4 = 1 fois			En 7 comb. de fois 7 = 1 fois			En 10 comb. de fois 10 = 1 fois		
8	4	2	14	7	2	20	10	2
12	4	3	21	7	3	30	10	3
16	4	4	28	7	4	40	10	4
20	4	5	35	7	5	50	10	5
24	4	6	42	7	6	60	10	6
28	4	7	49	7	7	70	10	7
32	4	8	56	7	8	80	10	8
36	4	9	63	7	9	90	10	9
40	4	10	70	7	10	100	10	10

XXXIIIe LEÇON.

Remarque : Nous avons vu, à la 11e leçon, que la division, ainsi que la soustraction, sert à décomposer les nombres. Or, la multiplication les compose; la division est donc le contraire de la multiplication : par celle-ci on *fait* un produit à l'aide de deux facteurs; par la division on *défait* un produit donné au moyen d'un de ses facteurs. — *Exemple :* 30 *est un produit formé de deux facteurs; l'un de ces facteurs est* 6 : *quel est l'autre ?* Il faut donc trouver un nombre qui multiplié par 6 donne 30. La table de multiplication nous le dit : ce nombre est 5.

La table de division n'est donc que la table de multiplication renversée.

Qu'est-ce que la division ?

La division est une opération par laquelle on cherche combien de fois un nombre contient un autre nombre.

2e *définition :* La division est une opération par laquelle on partage un nombre donné en autant de parties égales qu'il y a d'unités dans un autre nombre donné.

Définition générale : La division est une opération par laquelle, un produit de deux facteurs étant donné, avec l'un de ces facteurs on cherche l'autre facteur.

Comment se nomment les nombres donnés et le nombre cherché d'une division?

Le produit donné se nomme *dividende*, le facteur donné se nomme *diviseur*, le résultat ou facteur cherché se nomme *quotient*.

Dans le problème des tambours, 640 est le produit donné ou *dividende*; 20 est le facteur donné ou *diviseur :* le facteur cherché ou *quotient* est 32 fr.

Quand on dit : En 72 combien de fois 8, réponse 9, *quel est le produit donné au dividende, quel est le facteur donné au diviseur, quel est le facteur cherché au quotient ?* 72 est le produit donné au dividende, 8 le facteur donné ou diviseur, 9 le facteur cherché ou quotient.

EXERCICES POUR LA DIVISION DE TÊTE.

1. 12 enfants se partagent 36 pommes, combien chacun en aura-t-il ?

2. Pour 60 fr. on aurait 12 objets ; combien coûte un objet?

3. Un mouchoir coûte 2 fr., combien en aurait-on pour 18 fr. ?

4. Si 9 casquettes coûtent 27 fr., quel est le prix d'une casquette ?

5. Si pour 63 fr. j'ai 9 chaises, quel est le prix d'une chaise ?

6. Combien de sous dans 25 centimes ?

7.   id.   50   id. ?

8.   id.   60   id. ?

9.   id.   80   id. ?

                dans 75 — 45 — 90 — 85 — 65 centimes ?

10. J'ai payé 48 fr. 6 mètres de marchandise ; combien le mètre ?

11. 4 fr. 80 sont le prix de 8 kilos de fer ; à combien le kilo?

12. Pour 1 fr. 50 j'aurai 5 kilos de sel ; à combien le kilo ?

13. Pour 15 fr. j'aurai 6 douzaines d'assiettes ; à combien la douzaine ?

14. 20 journées d'ouvrier coûtent 30 fr. ; à combien la journée ?

15. Combien de jours de 12 heures dans 84 heures ?

XXXIVe LEÇON.

Division par 10 — 100 — 1000, etc.

Rappelez ce qui a été dit du zéro et de l'effet de la virgule.

Nous avons vu (22e leçon) : 1° que le zéro est *nul* à la gauche des nombres entiers et à la droite des fractions décimales. 2° Que le zéro est *actif* à la droite et à la gauche des décimales. 3° Que la virgule rend un nombre plus petit quand on la déplace en avançant vers la gauche.

De ces principes découlent les règles pour la division des nombres par 10 — 100 — 1000 ou 10000, etc.

Dites et démontrez comment l'on divise un nombre entier suivi de zéros par 10, 100, *etc.*

On divise par 10 — 100 — 1000 un nombre entier ayant des zéros à sa droite, *en supprimant un, deux ou trois zéros.*

Pour le démontrer, soit le nombre 2500 à diviser par 100 ; il se réduira à 25, et je dis que 25 est la *centième* partie de 2500. En effet, dans 2500 le 5 exprime des *centaines* ; dans 25 il n'exprime que des *unités*, valeurs cent fois moindres. — Dans 2500 le 2 exprime des *unités de mille* ; dans 25 il n'exprime plus que des *dizaines d'unités*, valeurs cent fois moindres. Chaque chiffre du quotient 25 exprimant une valeur cent fois moindre, ce quotient n'est que la *centième* partie de 2500.

Dites et démontrez comment on divise un nombre entier ordinaire, ou un nombre décimal, par 10, *par* 100, *par* 1000, *etc.*

On divise par 10 — 100 — 1000, etc., un nombre entier non accompagné de zéros à sa droite, ou un nombre décimal, *en reculant la virgule d'un, deux, trois rangs vers la gauche.*

(La démonstration est la même que ci-dessus.)

Dites et démontrez comment on divise une fraction décimale par 10 — 100 — 1000, *etc.*

On divise une fraction décimale par 10 — 100 — 1000, etc., *en plaçant à sa gauche entre elle et la virgule un, deux, trois zéros,*

(Même démonstration que pour les cas précédents.)

Quels sont les signes dont on se sert pour indiquer la division ?

Il y a deux signes pour indiquer une division ; le premier consiste en deux points mis l'un sur l'autre (:); on met ce signe à droite du dividende, et l'on écrit le diviseur immédiatement après. — Le second est une petite ligne horizontale (—) que l'on met sous le dividende et sous laquelle on place le diviseur. L'un et l'autre se prononcent *divisé par*.

Ainsi 32 : 4 se prononce 32 *divisé par* 4, aussi bien que $\frac{32}{4}$.

EXERCICES A LIRE, — A ÉCRIRE, — PUIS A RÉSOUDRE DE TÊTE OU PAR ÉCRIT.

97 : 10. — 875 : 100. — 43,25 : 10. — 39,7 : 100. — 0,75 : 10. — 0,65 : 100. — 84 : 1000. — 54 : 1000. — 16 : 100. — 0,4 : 100. — 75000 : 10000. — 0,450 : 100. — 65000 : 1000. — 0,35 : 1000 — 700 : 1000.

$$\frac{36}{9} \quad \frac{28000}{100} \quad \frac{63}{27} \quad \frac{842,15}{367} \quad \frac{2,93}{175} \quad \frac{3400}{457} \quad \frac{62}{9}$$

XXXVe LEÇON.

Quelles sont les divisions les plus simples après les divisions par 10 — 100 — 1000 ?

Les divisions les plus simples après les divisions par 10 — 100 — 1000 sont les divisions par 2, par 3, par 4, par 5, par 6, par 7, par 8 et par 9; c'est-à-dire *les divisions par un chiffre seul.*

Pose-t-on les divisions quand on n'a qu'un chiffre au diviseur ?

Non, on ne les pose pas comme les autres, et, au lieu de dire : *Divisez un nombre par 2, par 3, par 4, etc.*, on dit plutôt : Prenez la *moitié*, le *tiers*, le *quart*, le *cinquième*, le *sixième*, le *septième*, le *huitième*, le *neuvième d'un* nombre.

3*

Comment prend-on la moitié *d'un nombre ?*

On prend la moitié d'un nombre en commençant par le dernier chiffre à gauche. Si c'est un chiffre pair, on pose dessous la moitié de sa valeur; si c'est un chiffre impair, on le diminue d'une unité pour le rendre pair; on écrit dessous la moitié de celui-ci, et l'on convertit l'unité supprimée en dix unités de l'ordre immédiatement inférieur, que l'on ajoute au chiffre suivant à droite. — On continue de même jusqu'à la fin.

Exemple : Soit à prendre la moitié de 6583.

Je dis : la moitié de 6 est 3.

La moitié de 5 (*moins* 1) est 2 pour 4.

Il reste 1, qui est une centaine valant *dix dizaines*, que j'ajoute à 8 dizaines, 10 et 8 = 18, la moitié de 18 est 9.

La moitié de 3 (*moins* 1) est 1 pour 2.

Il reste 1, qui est une unité simple valant 10 *dixièmes*; je mets donc une virgule à droite de 1, et je dis la moitié de 10 dixièmes est 5.

EXERCICES A FAIRE DE MÉMOIRE.

Prenez la moitié de : 4 — 8 — 26 — 38 — 66 — 250 — 244 — 304 — 332 — 346 — 460 — 454 — 508 — 564 — 586 — 606 — 804 — 520 — 270 — 438 — 290 — 370 — 628 — 700 — 412 — 6, 20 — 90, 50 — 24, 30 — 14, 70 — 18, 46 — 26, 08 — 42, 12 — 28, 32 — 54, 06 — 38, 04 — 16, 40 — 50, 50 — 32, 50 — 68, 30 — 24, 32 — 74, 34 — 48, 90.

EXERCICES A FAIRE PAR ÉCRIT.

Prenez la moitié de : 27 — 49 — 54 — 83 — 75 — 218 — 821 — 275 — 473 — 426 — 437 — 297 — 819 — 2608 — 3945 — 1527 — 4379 — 2973 — 8093 — 5809 — 6007 — 3014 — 12007 — 29015 — 60009 — 504, 09 — 308, 30 — 139, 25 — 417, 45 — 374, 85 — 294, 50 — 530, 45.

XXXVIᵉ LEÇON.

Comment prend-on le tiers d'un nombre?

On prend le tiers d'un nombre en commençant par la gauche, comme pour la moitié.

Il peut arriver trois cas. 1° Chaque chiffre peut être 3 — 6 ou 9; alors on trouve exactement le tiers. — 2° Il peut être moindre que 3; alors le tiers de sa valeur est moindre que 1; c'est-à-dire une fraction. On la transforme en unités de l'ordre immédiatement inférieur, que l'on ajoute au chiffre suivant à droite, et l'on opère pour le *tiers* comme on a fait pour la *moitié*. — 3° Les chiffres peuvent être plus forts que 3 ou 6.

Si c'est 4 ou 5, on le ramène à 3, dont on écrit le tiers 1 dessous, et l'on porte le reste 1 ou 2 transformé, au chiffre suivant à droite.

Si le chiffre est 7 ou 8, on le ramène à 6; on écrit dessous le tiers 2, et l'on porte le reste 1 ou 2 transformé, au chiffre suivant à droite.

Exemple : Pour prendre le tiers de 395764, je dis :

Le tiers de 3 = 1, — le tiers de 9 est 3.

Le tiers de 5 (*moins* 2) est un pour 3, — il reste 2 qui valent 20, et que j'ajoute à 7.

Le tiers de 27 est 9, — le tiers de 6 est 2.

Le tiers de 4 (*moins* 1) est 1 pour 3, — il reste 1, qui vaut 10 dixièmes ; — je mets une virgule, et je dis :

Le tiers de 10 (*moins* 1) est 3 pour 9, — il reste 1 qui vaut 10 centièmes.

Le tiers de 10 (*moins* 1) est 3 pour 9.

EXERCICES A FAIRE DE MÉMOIRE.

Quel est le tiers de : 3 — 6 — 9 — 12 — 15 — 18 — 21 — 24 — 27 — 30 — 33 — 36 — 39 — 42 — 45

— 48 — 51 — 54 — 57 — 60 — 63 — 66 — 69 — 72 — 75 — 78 — 81 — 84 — 87 — 90 — 93 — 96 — 99 — 333 — 666 — 999 — 3333 — 6666 — 9999 — 369 — 693 — 966 — 639 — 9636 — 6939 — 0,33 — 0,66 — 0,99 — 3,63 — 6,93 — 9,36 — 3,39.

EXERCICES A FAIRE PAR ÉCRIT.

Prenez le tiers de : 267 — 143 — 54 — 67 — 137 — 94 — 65 — 98 — 8,15 — 5,04 — 187 — 64,25 — 18,12 — 26,49 — 77,40 — 13,25 — 19,79 — 25,43 — 97,30 — 638,49 — 437,35 — 542,17 — 834,50 — 907,15 — 0,75 — 0,32 — 0,08 — 0,407 — 0,035 — 0,04 — 5394,15 — 9437,72 — 6208,35 — 78005,05 — 2172,07 — 5342,17 — 4254,13 — 1475,32 — 20413 — 7540,35.

XXXVIIe LEÇON.

Comment prend-on le quart, *le* cinquième, etc., *d'un nombre ?*

On suit la même marche que pour prendre la moitié ou le tiers.

Ainsi, pour prendre le quart de 486, je dis : le quart de 4 est 1, — le quart de 8 est 2. Le quart de 6 (*moins* 2) est 1 pour 4, — il reste 2 unités qui valent 20 dixièmes. — Je mets donc une virgule, et je dis enfin : le quart de 20 est 5 dixièmes.

Comment fait-on la preuve de ces divisions par 2, *par* 3, *par* 4, *par* 5, *etc.*

On fait la preuve de ces divisions en multipliant le résultat par 2, par 3, ou par 4, — selon qu'on a pris la moitié, le tiers ou le quart ; le produit doit être égal au nombre primitif.

En effet, le *tiers* d'un nombre est une quantité *trois*

fois plus petite que ce nombre; donc si on le rend trois fois plus grand en le multipliant par 3, le produit doit être égal au premier nombre.

Le *quart* d'un nombre est une quantité *quatre* fois moindre que ce nombre; donc, si on le rend quatre fois plus grand en le multipliant par 4, le produit doit être égal au premier nombre.

On ferait le même raisonnement pour la preuve du cinquième, du sixième, du septième, du huitième et du neuvième.

EXERCICES A FAIRE DE MÉMOIRE.

Quel est le quart de : 4 — 8 — 12 — 16 — 20 — 24 — 28 — 32 — 36 — 40 — 44 — 48 — 52 — 56 — 60 — 64 — 68 — 72 — 76 — 80 — 84 — 88 — 92 — 96 — 100 — 444 — 888 — 484 — 488 — 0 fr. 40 — 0 fr. 44 — 0 fr, 48 — 0 fr. 80 — 0,84 — 0 fr. 20 — 0,24 — 0,32 — 0,60 — 0,084 — 264 — 384 — 620 — 516 — 948 — 136 — 732 — 312 — 508 — 2004 — 4016.

EXERCICES A FAIRE PAR ÉCRIT.

Prenez le quart de : 627 — 145 — 239 — 465 — 789 — 578 — 859 — 6211 — 3548 — 5237 — 4673 — 395 — 9500 — 7329 — 4873 — 29313 — 75475 — 43291 — 23873 — 50089 — 15804 — 803706 — 62315 — 57003.

Jusqu'aux **100** *millièmes.*
35,02 — 64,13 — 19,17 — 83,39 — 573,05 — 0,035 — 97,008 — 153,03 — 726,15 — 1784,07 — 2093,105 — 0,07 — 0,025 — 0,09 — 0,203 — 18,045 — 0,75 — 0,033.

(*Prenez ensuite* le cinquième, le sixième, le septième, le huitième, le neuvième *des mêmes nombres.*)

XXXVIII° LEÇON.

Quels sont les différents cas de la division, après les cas très-simples que nous avons étudiés ?

Il y a encore cinq cas de la division, que nous allons exposer et démontrer.

Dans le premier cas on a un dividende et un diviseur *entiers ordinaires. Ex.* : = 857 : 29.

Dans le 2° cas, on a un dividende et un diviseur entiers *suivis de zéros. Ex.* : = 05780 : 290.

Dans le 3° cas, on a un nombre *entier* pour dividende, et un nombre *décimal* pour diviseur. *Ex.* : = 8473 : 2,97.

Dans le 4° cas, on a un nombre *décimal* pour dividende, et pour diviseur un nombre *entier. Ex.* : = 85,73 : 29.

Dans le 5° cas enfin, le dividende et le diviseur sont *deux nombres décimaux. Ex.* : = 857,35 : 3,95.

Comment dispose-t-on les nombres pour une division ?

Pour faire une division, l'on écrit d'abord le dividende, à sa droite on pose le diviseur et on les sépare par un trait vertical ; enfin on souligne le diviseur pour écrire dessous le *quotient.*

On commence ensuite la division *en séparant sur la gauche du dividende autant de chiffres qu'il en faut pour faire un nombre renfermant au moins une fois le diviseur.*

On cherche combien de fois cette partie à gauche du dividende renferme le diviseur, et l'on écrit ce nombre de fois au quotient.

Pour s'assurer que ce chiffre écrit au quotient n'est ni trop fort ni trop faible, on le multiplie par le diviseur, et l'on écrit le produit sous la partie séparée du dividende, pour les comparer.

Si le produit est plus fort, c'est qu'il provient d'un facteur *trop grand;* on doit alors diminuer le chiffre du quotient.

Si le produit retranché de la partie séparée donne *un reste égal à cette partie* ou *plus grand qu'elle,* c'est qu'il provient d'un facteur *trop faible* ; dès lors on augmente le quotient.

Enfin si l'on peut *retrancher du dividende le produit du diviseur par le quotient, et que le reste soit moindre que le nombre supérieur de la soustraction, alors le chiffre posé au quotient est bon.*

Ce chiffre étant trouvé bon, et son produit par le diviseur ayant été retranché du dividende, on abaisse à la droite du reste le chiffre suivant du dividende, et l'on continue d'opérer de la même manière sur le nombre qui en résulte, jusqu'à ce qu'il n'y ait plus de chiffres à abaisser.

Que doit-on faire quand il y a un reste de division et qu'on n'a plus de chiffres à abaisser ?

Quand il y a un reste de division, et que cependant on n'a plus de chiffres à abaisser, *on doit chercher les décimales.* Pour cela on ajoute un zéro à la droite du reste, on met une virgule à la droite du quotient, et l'on continue l'opération comme précédemment.

XXXIXᵉ LEÇON.

Premier cas de la Division.

Quel est le premier cas de la division?

Le premier cas de la division est celui où le dividende et le diviseur sont des entiers ordinaires. *Ex.* : 857 : 29. La seule chose qui ait besoin d'une explication, dans ce cas, c'est la recherche des décimales, quand il y a un reste de division après qu'on a abaissé le dernier chiffre du dividende.

Supposons que ce dernier reste soit 8 unités et que le diviseur soit 25. Il est clair que le quotient ne peut être qu'une fraction. Or, nous savons qu'une unité simple vaut dix dixièmes ; 8 unités valent donc 8 fois dix dixièmes, ou 80 dixièmes : ainsi, quand j'ajoute un zéro à la droite du reste, c'est *pour le transformer en dixièmes*.

Si, lorsque la division des dixièmes est faite, on met un zéro à la droite du reste, c'est *pour le transformer en centièmes*. — S'il y a un autre reste après la division des centièmes, et qu'on écrive à sa droite un autre zéro, c'est *pour le convertir en millièmes*.

EXERCICES A FAIRE PAR ÉCRIT.

568 : 29   4237 : 37   5948 : 64   7050 : 48   6207 : 57
8075 : 73   9607 : 43   36705 : 54   164209 : 403   87009 : 375   75932 : 493   5478402 : 3205   7054328 : 9543
6730249 : 8532   38047639 : 70958   27508 : 738.

XLe LEÇON.

Deuxième cas de la Division.

Quel est le deuxième cas de la division ?

Le deuxième cas de la division est celui où le dividende et le diviseur sont suivis de zéros. *Ex.* : 85700 : 290. Dans ce cas, on peut simplifier l'opération *en supprimant autant de zéros que possible de part et d'autre*.

Démontrez que, quand le dividende et le diviseur sont suivis de zéros, on peut, pour simplifier l'opération, en effacer autant d'un côté que de l'autre.

Soit, pour le démontrer, 85700 à diviser par 290. Je dis qu'on peut réduire les nombres donnés à 8570 à diviser par 29. En effet, en supprimant un zéro du dividende, je rends ce nombre *dix fois plus petit*, le quotient sera donc dix fois *trop faible;* mais en supprimant le zéro du diviseur, ce nombre devient dix fois moindre et conséquemment sera renfermé *dix fois plus* dans le dividende; c'est-à-dire que le quotient serait rendu *dix fois trop fort.* Or, il avait été rendu *dix fois trop faible :* il y a donc maintenant compensation.

On démontrerait de même pour deux ou trois zéros.

Donc, quand il y a des zéros à la droite du dividende et du diviseur, on peut en supprimer autant dans l'un que dans l'autre, pour simplifier la division.

EXERCICES.

75400 : 630   4320 : 8400   897000 : 4700   683000 : 7400   975000 : 39000   5142500 : 678000   37500 : 460.

XLIᵉ LEÇON.

Troisième cas de la Division.

Quel est le troisième cas de la division?

Le troisième cas de la division est celui d'un nombre entier pour dividende avec un nombre décimal pour diviseur.

Dans ce cas, on peut simplifier la division *en effaçant la virgule du diviseur, et en ajoutant à la droite du dividende autant de zéros que le diviseur a de décimales. Ex. :* 85 : 2,97.

Ici le diviseur a deux chiffres décimaux; après avoir supprimé la virgule, j'ajouterai donc deux zéros au dividende et ensuite je ferai la division comme celle du premier cas.

Démontrez que quand on a des décimales au diviseur on

*peut supprimer la virgule et ajouter au dividende autant de
zéros que l'autre terme a de chiffres décimaux.*

Soit, pour le démontrer, 85 : 2,97. En supprimant la
virgule du diviseur 2,97, je rends ce nombre *cent fois
plus grand*; le dividende le renfermera donc 100 *fois
moins*, et le quotient sera 100 *fois trop faible*. Mais en
ajoutant deux zéros à la droite du dividende 85, je rends
ce nombre 100 *fois plus fort* : il contiendra donc le diviseur 100 *fois plus*, et le quotient sera *cent fois trop fort*;
or, il avait été rendu *cent fois trop faible* : il y a donc
compensation.

On démontrerait de la même manière pour trois ou
quatre zéros.

Donc, quand il y a des chiffres décimaux au diviseur,
on peut supprimer la virgule, en ajoutant au dividende
autant de zéros que le diviseur avait de chiffres décimaux.

EXERCICES.

62 : 3,25   87 : 6,45   754 : 8,52   903 : 4,73   895 :
6,74   576 : 9,35   1264 : 7,55   3206 : 28,45

XLII⁰ LEÇON.

Quatrième et cinquième cas de la Division.

Quel est le quatrième cas de la division ?

Le quatrième cas de la division est celui où l'on a
pour dividende un nombre décimal et pour diviseur un
nombre entier.

Dans ce cas, on pourrait encore *effacer la virgule du
dividende, en ajoutant à la droite du diviseur autant de
zéros qu'il y a de chiffres décimaux au dividende.*

Et ce cas se démontrerait comme le troisième, en changeant le mot diviseur en *dividende,* et le dividende en *diviseur.*

(Cette démonstration devra être apprise en leçon sur la précédente.)

Mais l'on peut aussi bien suivre une autre marche, tout aussi facile dans le procédé et pour la démonstration; la voici :

On divise la partie entière du dividende par le diviseur. Dès que cette division est épuisée, c'est-à-dire aussitôt qu'on doit abaisser le chiffre des *dixièmes,* on met une virgule à la droite du quotient et l'on continue comme à l'ordinaire.

Démontrez.

Quand j'abaisse à la droite du reste de la division des unités le chiffre des dixièmes du dividende, ce reste se trouve tout converti en *dixièmes*; son quotient, par le diviseur, ne peut donc représenter que des dixièmes : c'est pourquoi on doit faire précéder ce quotient d'une virgule.

Quel est le cinquième cas de la division?

Le cinquième et dernier cas de la division est celui où le dividende et le diviseur sont des nombres décimaux.

Dans ce cas, on peut simplifier l'opération *en effaçant les deux virgules,* si le nombre des chiffres décimaux est le même de part et d'autre.

Si le nombre des chiffres décimaux n'est pas le même dans les deux termes, on doit *ajouter, à la droite de celui qui en a le moins, autant de zéros qu'il lui manque de chiffres décimaux.*

Ex. : 2,345 : 6,78.

Le dividende ayant trois chiffres décimaux et le diviseur deux seulement, j'ajouterais un zéro à la droite de celui-ci.

On peut encore *supprimer la virgule du terme qui a le moins de chiffres décimaux, en ayant soin de porter la virgule de l'autre vers la droite d'autant de rangs de plus que le premier avait de chiffres décimaux.*

EXERCICES.

64,75 : 87   436,57 : 29   507,135 : 96   281,054 : 54
758,205 : 842   196,32 : 649   839,75 : 3,65   293,43 :
84,035   3047,325 : 49,33   5306,08 : 84,476   4076,32 :
0,075 0,29 : 0,063 0,089 : 0,0065.

XLIIIᵉ LEÇON.

Démonstrations du cinquième cas de la Division.

Démontrez le cinquième cas de la division.

Nous avons vu que quand les deux termes de la division renferment des chiffres décimaux, on peut simplifier l'opération en supprimant la virgule de part et d'autre.

Soit, pour le démontrer, le nombre 2,34 : 5,67.

En effaçant la virgule du diviseur, on rend ce nombre *cent fois plus fort*, et par conséquent le quotient devient *cent fois moindre.*

Mais en effaçant la virgule du dividende on rend ce nombre *cent fois plus fort*, et aussi le quotient.

Or, ce quotient, rendu *cent fois trop grand* de cette manière, a été rendu avant *cent fois trop faible*; il y a donc compensation.

Cela se démontrerait de la même manière pour plus de deux chiffres ; donc, dans le cinquième cas de la division, on peut supprimer la virgule de part et d'autre.

Démontrez le procédé de la division dans le cas où l'un des termes renferme plus de chiffres décimaux que l'autre.

Il y a deux procédés. Nous parlerons seulement du second, consistant à supprimer la virgule du terme qui a le moins de chiffres décimaux, en ayant soin de porter la virgule de l'autre d'autant de rangs de plus vers la droite que le premier avait de chiffres décimaux.

Cette suppression de la virgule d'un côté et son changement de place de l'autre multiplient les deux termes par le même nombre : il y a donc compensation ; la valeur du quotient n'en sera pas altérée.

La suite de l'opération et sa démonstration sont conformes au quatrième cas.

EXERCICES.

6507,45 : 2,873   834,705 : 18,75   0,075 : 0,25   0,9075 : 0,045   295,85 : 47,543   711,575 : 0,0542   754,305 : 6,75   4980,54 : 93,6052   576,4 : 70,75   478,0375 : 54,69.

XLIVe LEÇON.

Dernière preuve de la Multiplication, preuve de la Division

ET USAGES DE LA DIVISION.

La division ne peut-elle pas servir de preuve à la multiplication ?

Oui, la division peut servir de preuve à la multiplication.

En effet, la division est une opération par laquelle, un produit étant donné, avec l'un de ses facteurs, on se propose de chercher l'autre facteur ; il en résulte donc que *si l'on divise le produit d'une multiplication par le multiplicande, on devra retrouver le multiplicateur pour quotient.*

Ainsi, après avoir trouvé que le produit de 234 par 56 = 13104, pour m'assurer de l'exactitude de ce produit, je le divise par 234. Le quotient que je trouve est 56 : donc la multiplication était juste.

Comment fait-on la preuve de la division ?

On fait la preuve de la division *en multipliant le diviseur par le quotient;* le produit doit être égal au dividende, après qu'on y a ajouté le reste, s'il en existe un.

En effet, il résulte de la définition même de la division que le diviseur et le quotient sont les deux facteurs d'un produit qui est le dividende. Il est donc clair que si l'on multiplie ces deux facteurs l'un par l'autre, on doit retrouver ce dividende

A quoi sert ordinairement la division ?

1° La division sert ordinairement *à faire connaître la valeur d'une seule chose, quand on connaît le prix ou la valeur de plusieurs choses de la même espèce.*

Ex.: Si 25 crayons coûtent 2 fr. 50, combien coûte un seul crayon ?

2° La division *sert à partager une somme d'argent, ou un certain nombre d'objets de même espèce, entre plusieurs personnes.*

Premier Ex. : Si 25 hommes héritent d'une somme de 2500 fr., de combien chaque homme devra-t-il hériter ?

Deuxième Ex. : On veut distribuer 3000 bouteilles de vin entre 4000 soldats, combien chacun en aura-t-il ?

3° La division sert *à trouver combien on aura d'objets pour une somme déterminée, sachant le prix d'un seul objet.*

Ex. : Une casquette coûte 3 fr. 25 ; combien aurait-on de casquettes pareilles pour 29 fr. ?

PROBLÈMES SUR LA DIVISION.

1. Le nombre des lettres que toutes les postes de France ont portées en 1842 a été de 233000040 ; combien cela faisait-il de lettres par mois, en moyenne ?

2. Le revenu annuel d'un prince est de 289000 fr. par an ; combien peut-il dépenser par jour pour sa maison et ceux qu'il soulage ?

3. Si pour 3075 soldats un colonel reçoit 4757 fr. 75, combien chacun recevra-t-il ?

4. Si 43 m. 45 de drap ont coûté 568 fr. 50, combien vaut le mètre ?

5. Un mètre de calicot ayant coûté 1 fr. 475, combien aurait-on de ce calicot pour 53 fr. 35 ?

6. Un voyageur doit se nourrir à raison de 2 fr. 85 par jour ; s'il a 258 fr. 40, pour combien de jours a-t-il de l'argent ?

7. Si 34 kil. 75 de chemin coûtent 29645 fr., à combien revient le kilomètre ?

8. Une journée d'ouvrier coûte 2 fr. 75, combien aurait-on de journées pour 89 fr. 45 ?

9. Quel est le nombre qui, multiplié par 67,80, donnerait pour produit 5764, 95 ?

10. Le tiers de 25700 fr. sera employé en achat de drap à 8 fr. 35 le mètre ; combien aura-t-on de mètres de drap ?

11. Il meurt annuellement sur la terre 333333333 habitants ; l'année étant de 365 jours, quelle est la mortalité par jour ?

12. Combien pourra-t-on secourir de pauvres avec une somme de 2094 fr. 80, si l'on donne à chacun 0 fr. 65 ?

13. Un marchand reçoit 876 fr. 45 pour la vente de 287 pièces de volailles ; quel est le prix moyen de chacune ?

14. Une vache donne 1389 litres de lait par an, combien donne-t-elle en moyenne par jour ?

15. S'il faut 15 litres de lait pour faire 1 kilog. de beurre, combien ferait on de beurre avec 93 lit. 75 de lait ?

XLVe LEÇON.

Résumé des leçons sur la Division.

1° La division est une opération par laquelle, étant donné un produit, avec l'un de ses facteurs on se propose de chercher l'autre facteur.

2° On peut encore dire que la division est une opération par laquelle on cherche combien de fois un nombre appelé diviseur est contenu dans un nombre appelé dividende.

3° Le résultat de la division s'appelle quotient.

4° Pour diviser un nombre par *dix*, par *cent* ou par *mille*, on recule la virgule de *un*, de *deux*, ou de *trois* rangs vers la gauche.

5° Si le nombre est suivi de zéros, pour le diviser par 10, par 100 ou par mille, on efface un, deux, ou trois de ces zéros.

6° Diviser un nombre par 2, par 3, par 4, par 5, par 6, par 7, par 8 ou par 9, c'est en prendre la moitié, le tiers, le quart, le cinquième, etc., et cela se fait sans poser les nombres sous forme de division.

7° Il y a cinq cas de la division : voici les plus difficiles :

Quand un des termes est un nombre décimal, on en supprime la virgule, et l'on écrit à la droite de l'autre terme autant de zéros que celui-ci a de chiffres décimaux.

Quand le diviseur et le dividende ont autant de chiffres décimaux l'un que l'autre, on supprime les virgules.

Quand l'un des termes a plus de décimales que l'autre, on ajoute à la droite de celui-ci autant de zéros qu'il lui manque de décimales ; ou bien on supprime la virgule du terme qui a le moins de décimales, et l'on avance la virgule de celui qui en a le plus d'autant de rangs vers la droite que l'autre avait de décimales.

8° On fait la preuve de la division en multipliant le diviseur par le quotient ; si ce quotient est juste, le produit doit être égal au dividende.

9° On peut faire la preuve de la multiplication par la division, en divisant le produit par l'un des facteurs ; si le quotient est égal à l'autre facteur, cela *prouve que la multiplication est bien faite.*

PROBLÈMES DE RÉCAPITULATION

Relatifs aux quatre premières règles.

1. D'une ville à une autre, il y a 24000 m. ; on demande combien de tours y feront la grande et la petite roues d'une voiture, sachant que la petite roue à 1 m. 73 de circonférence, et que l'autre est le double.

2. Un homme laisse en mourant 7 enfants qui se partageront ses biens, composés de 13000 fr. de terre, — de 7890 fr. d'une maison, — et de 47 pièces de toile ayant chacune 74 m. 45, à 2 fr. 175 le mètre. On demande quelle sera la part de chacun ?

3. Je voudrais échanger de la toile à 2 fr. 05 le mètre pour de la toile à 3 fr. 15. — J'en ai 85 m. 75 de la première : — combien m'en donnera-t-on de la seconde ?

4. Quelle est la somme 32 fois moindre que le tiers de 67 fr. 25 ?

5. Dix hommes se partagent une somme de 1000 fr. Les sept premiers, ayant réuni leurs parts, achètent de la toile à 1 fr. 45 le mètre, ils la revendent à 1 fr. 975, et se partagent également ce premier bénéfice. — Quelle sera la part de chacun ?

6. Après avoir payé 312 fr. 70 pour 350 litres d'eau-de-vie, un marchand en revend 67 lit. 33 à 0 fr. 975, — 83 lit. 25 à 1 fr. 15, et le reste pour 208 fr. Combien a-t-il gagné en tout ; — et combien a-t-il gagné moyennement par litre ?

7. Pierre a trois fois plus que Jean, qui possède une fortune égale au quart de 15000 fr. ; à la mort de Pierre, ses deux fils et sa femme se partageront son bien ; la femme en aura la moitié, et ses fils chacun la moitié du reste. — On demande : 1° la valeur de la fortune de Pierre ; 2° la part qu'aura sa femme ; 3° la part de chaque fils ; 4° la fortune de Jean ?

8. Un épicier achète 3 balles de différents sucres pour 385 fr. 70. La 1re coûte le quart de cette somme et pèse le tiers du poids total ; la 2e, qui coûte 165 fr., pèse 100 kil. ; la 3e, qui pèse 97 kil., coûte 124 fr. 30. Quel est le prix du kilo de chaque balle ?

9. La moitié d'une somme moins 37 fr. étant partagée entre six personnes, chacun a 89 fr. 65 c. Quelle est la somme entière ?

10. Si du neuvième d'une somme vous ôtez le cinquième de 79 fr., le reste est 247 fr. Quelle est cette somme ?

4

11. Quel est le dixième d'une somme égale au sixième de 8257 fr. ?

12. On revend, à 4 fr. 85 le mètre, ce qui avait été payé 396 fr. les 100 mètres. S'il y en a 100 m., quel est le bénéfice ?

13. Une locomotive parcourt 481 kil. en 13 heures ; la vitesse d'une autre est à raison de 3 kil. de plus par demi-heure ; combien chacune parcourt-elle par heure ?

14. Un fabricant de toile occupe 26 ouvriers dont 12 gagnent 2 fr. 25 par jour , et 2 gagnent 3 fr. 50. — A la fin de chaque semaine (6 jours), la paie des 26 ouvriers fait une somme de 330 fr. ; combien chacun de ceux dont nous n'avons pas parlé gagne-t-il par jour ?

15. 23057 élèves des écoles d'un département, ayant fait une 1re souscription à l'occasion d'une grande calamité publique, ont formé une somme de 3458 fr. 55. Une 2e souscription produisit 4029 fr. 70. Le tiers du total restera aux pauvres du pays. On demande 1° comb. chaque élève a donné, en moyenne ; 2° quelle somme revient à chaque pauvre du département, qui en compte 12513 ; 3° quelle somme reste au profit des autres départements.

16. Une ville renferme 24529 hab. consommant de la viande. On a calculé qu'ils ont consommé par an pour 608535 fr. de bœuf, 640209 fr. de veau, mouton, porc et volaille, et qu'en y comprenant le gibier la consommation a valu 1263407 fr. Quelle est la dépense moyenne par consommateur : 1° en viande de bœuf ; 2° de veau, etc. : 3° en gibier ; 4° sans distinction de viandes ?

XLVIe LEÇON.

SYSTÈME MÉTRIQUE.

Qu'entend-on par système métrique ?

On entend par système métrique l'ensemble des poids et des mesures qui dérivent du *mètre*.

De quand date le système métrique ?

La première décision concernant le système métrique date de 1791 ; il fut arrêté alors, par une loi, que le quart du méridien servirait de base au système des nouvelles mesures.

De 1791 à 1793, les savants travaillèrent à mesurer l'arc du méridien compris entre Dunkerque et Mont-Jouy, et ils en déduisirent la mesure du quart du méridien. — En 1793, on décréta que le calcul décimal serait seul employé dans le système métrique; — des lois de 1795 et 1799 fixaient les noms et les valeurs des unités principales, ainsi que de leurs multiples et de leurs sous-multiples ; — enfin, le système métrique est exclusivement adopté en France depuis le 1er janvier 1840.

Quels autres noms donne-t-on encore au système métrique?

Le système métrique s'appelle aussi système *légal*, parce que c'est l'ensemble des mesures adoptées par la loi; *légal* veut dire *conforme à la loi.*

On l'appelle encore *système décimal*, parce que le nombre *dix* est le seul employé pour la formation des multiples et des sous-multiples de chacune des mesures qui le composent.

Quelles sont les mesures qui composent le système métrique?

Les mesures qui composent le système métrique sont :

1° le *mètre*, pour les longueurs;

2° le *mètre carré*, pour les surfaces ordinaires;

3° l'*are*, pour les surfaces agraires ;

4° le *mètre cube*, pour les volumes ;

5° le *litre*, pour les capacités ;

6° le *gramme*, pour les poids ;

7° le *franc*, pour les monnaies.

Comment exprime-t-on les mesures dix fois, cent fois, mille fois ou dix mille fois plus grandes ou plus petites que les unités principales?

Pour désigner les unités dix, cent, mille, dix mille fois plus grandes que les unités principales, on a placé à gauche des noms de ces dernières les mots

    déca hecto kilo myria ;

qui signifient dix — cent — mille — dix mille.

Les mesures ainsi désignées se nomment *multiples dé-cimaux*.

Pour désigner les mesures dix, cent, mille, dix mille fois plus petites que les unités principales, on a placé à la gauche des noms de ces dernières les mots

déci   *centi*   *milli*,

qui signifient dixième de — centième de — millième de.

Les mesures ainsi désignées se nomment *sous-multi-ples décimaux*.

Qu'appelle-t-on multiple d'un nombre ?

On appelle *multiple* d'un nombre tout nombre qui en renferme un autre une ou plusieurs fois exactement.

Qu'appelle-t-on sous-multiple d'un nombre ?

On appelle *sous-multiple* tout nombre qui est contenu dans un autre une ou plusieurs fois exactement.

XLVIIe LEÇON.

Mesures de longueur.

DU MÈTRE.

Qu'est-ce que le mètre ?

Le mètre est l'unité des mesures de longueur. C'est la dix millionième partie du quart du méridien terrestre, ou la quarante millionième partie du méridien entier. — C'est de lui que dérivent toutes les autres mesures.

Pourquoi a-t-on préféré tirer le mètre du pourtour de la terre ?

On aurait pu tirer le mètre de la hauteur d'une montagne ou d'un édifice célèbre, ou de toute autre ligne bien déterminée, telle que la distance entre deux points remarquables d'un pays ; mais ces bases n'eussent pas été invariables comme le pourtour du globe terrestre ; et elles n'auraient pas, comme lui, appartenu à toutes les nations.

Pourquoi s'est-on arrêté à cette longueur du mètre, préférablement à une plus grande ou plus petite ?

Parce que la longueur du mètre est très-portative; elle représente assez généralement celle d'un bâton pouvant servir aux hommes de toutes les tailles.

Quels sont les multiples décimaux du mètre ?

Les multiples décimaux du mètre sont : le *décamètre*, longueur de 10 mètres ; l'*hectomètre*, longueur de 100 mètres; le *kilomètre*, longueur de 1000 mètres ; le *myriamètre*, longueur de 10000 mètres.

Quels sont les sous-multiples décimaux du mètre ?

Les sous-multiples décimaux du mètre sont : le *décimètre*, dixième partie du mètre; le *centimètre*, centième partie du mètre ; le *millimètre*, millième partie du mètre.

N'y a-t-il que des multiples et des sous-multiples décimaux ?

Pour rendre les mesures métriques commodes dans toutes les circonstances et propres à tous les métiers, la loi a autorisé l'usage : — du *double* mètre et du *demi*-mètre; — du *double* décamètre et du *demi*-décamètre ; — du *double* décimètre.

Quelles sont les mesures réelles de longueur ?

Les mesures réelles de longueur, c'est-à-dire celles dont on se sert réellement, sont : le *mètre*, le *double mètre*, le *demi-décamètre*, le *décamètre* (chaîne de l'arpenteur) et le *double décamètre*.

Comme sous-multiples, les mesures réelles sont le *demi-mètre*, le *double décimètre* et le *décimètre*.

Quel est donc le principe général de la formation des mesures réelles?

Elles sont toujours égales au double et à la moitié de l'unité de mesure, et de chacun de ses multiples et sous-multiples décimaux.

Qu'appelle-t-on mesures itinéraires ?

On appelle mesures itinéraires *des mesures de longueur*

servant particulièrement aux chemins et aux routes. Ces mesures sont le kilomètre et le myriamètre.

Ainsi l'on dit : Versailles est à 20 kilomètres de Paris ; — Le Mans à 215 kilomètres ou 21 myriamètres et 5 kilomètres. — La plus grande largeur de la France est de 91 myriamètres et 5 kilomètres.

Autrefois on évaluait les distances au moyen d'une longueur convenue de chemin, nommée *lieue.* Ce mot est encore très-usité. Aujourd'hui il est le synonyme de 4000 mètres ou 4 kilomètres.

Ainsi, au lieu de dire que la France a 915 kilomètres dans sa plus grande largeur, on dit encore 229 lieues.

EXERCICES DE MÉMOIRE.

Comb. de m. dans le décam., — dans l'hectom., — dans le kilom., — dans le myriam.?

Comb. de décim. dans le décam., — dans l'hectom., — dans le kilom.. — dans le myriam.?

Comb. de m, dans le myriam., — dans l'hectom., — dans le double décam. ?

Comb. de décim. dans le double m., — dans le demi-mètre?

Comb. de millim. dans un centim., — dans un décim., — dans le double décim.?

Comb. de décam. dans un hecto, — dans un kilo, — dans un myria, — dans 32 kilos ?

Comb. d'hectom. dans un kilo, — dans un demi-myria, dans 25 kilom.?

Comb. de doubles m. dans un kilom., dans un décam., — dans un hectom., — dans 45 décam.?

EXERCICES DE MÉMOIRE

sur les Mesures itinéraires.

Comb. de kilom. dans 3 lieues, — 13 lieues, — 15 lieues, — 22 lieues 1/4, — 17 lieues 3/4, — 27 lieues 3/4 ?

Comb. de lieues dans 8 myriam., — 6 myriam. et 4 kilom.; — 12 myriam. 1/2, — 19 myriam., — 29 kilom., — 50 kilom.?

Comb. d'hectom. dans une lieue, — 3 lieues, — 15 lieues, — 25 lieues, — dans 19 myriam.?

Comb. de m. dans une demi-lieue, — une lieue et demie, — 5 lieues?

PROBLÈMES POUR DEVOIRS.

1. Si 1 m. d'ouvrage coûte 2 fr. 75, comb. coûte le décamètre, — l'hectomètre, — le kilomètre, — le myriamètre?

2. Si 1 m. d'étoffe coûte 13 fr. 45, comb. coûte le décim., — le centim.?

3. Si 1 décim. d'ouvrage coûte 0 fr. 75, comb. coûterait un décam.?

4. Si pour un myriamètre on a reçu 15 fr., combien recevrait-on pour un kilomètre, — pour un hectomètre, — pour un décamètre?

5. Un double mètre de calicot m'ayant coûté 3 fr. 85, combien me coûterait un double décamètre, — un kilomètre, — un décimètre?

6. Décomposez en myriamètres, kilomètres, hectomètres, etc., les nombres 807645 m., — 6509876 m., — 3756849 m.

7. Si pour 1 kilom. de chemin un cantonnier gagne 9 fr. 25, combien gagnerait-il pour 7 lieues et demie?

8. Pour empierrer 1 hectom. de route, on dépense 329 fr. 65, comb. coûterait le décam., — le kilom., — cinq lieues et trois quarts?

9. Si pour 27 myriam. de chemin un courrier reçoit 289 fr. 45, combien reçoit-il par myriamètre, — par kilomètre?

10. On met 35 heures à parcourir 420 kilom. de route, quel temps met-on à parcourir 1 kilomètre, — 1 myriamètre, — 5 lieues?

11. On a acheté 27 m. 45 d'étoffe pour 485 fr.; combien faut-il revendre le mètre pour gagner le 13e du prix d'achat?

12. En supposant une vitesse de 8 lieues et demie à une locomotive, dans combien de temps parcourrait-elle une ligne de 954 kil.?

13. Un menuisier emploie 59 m. 70 de planches, dont le 10e à raison de 0 fr. 62, et ce qui reste à raison de 7 centimes de plus le mètre. S'il a reçu 23 fr. 50, combien lui reste-t-il à recevoir?

XLVIIIᵉ LEÇON.

Mesures de surface.

Qu'est-ce qu'une surface ?

Une surface est la partie visible et extérieure des choses. — C'est l'étendue avec deux dimensions seulement, la longueur et la largeur ; les dessus d'une table, d'un mur, d'un champ, sont des surfaces.

On appelle *surfaces agraires* celles des champs, des jardins, des prairies, etc.

Quelle est l'unité des mesures de surface ordinaires ?

L'unité de mesure pour les surfaces ordinaires, c'est le *mètre carré* (1).

Quels sont les multiples du mètre carré ?

On peut donner comme multiples du mètre carré : le *décamètre carré*, carré de 10 mètres de côté, ou de 100 mètres de superficie ; et l'*hectomètre carré,* carré de 100 mètres de côté, ou de 10000 mètres de superficie.

Dans quels cas fait-on usage du kilomètre et du myria-mètre carrés ?

Le *kilomètre* et le *myriamètre carré* ne s'emploient que pour évaluer les plus grandes surfaces, telles que celles d'un département, d'un empire, d'un continent, du globe terrestre.

Quels sont les sous-multiples du mètre carré?

Les sous-multiples du mètre carré sont : *le décimètre carré*, carré d'un décimètre de côté, qui est le *centième* du mètre carré; le *centimètre carré*, carré d'un centimètre de côté, qui est le *centième* du décimètre carré; le *milli-mètre carré*, carré d'un millimètre de côté, qui est le *cen-tième* du centimètre carré.

(1) Voir la leçon sur les surfaces, pour la définition du *carré*.

Ici le maître donnera une explication, qui peut être très-simple, sur les surfaces et leurs subdivisious décimales. Il se servira pour cela d'un mètre carré tracé sur le tableau noir ou sur le plancher, ou d'un carré de 10 mètres, tracé sur un terrain uni.

Sans cette explication, faite avec beaucoup de soin, les élèves ne comprendraient rien de la leçon, et particulièrement de *la décomposition de l'are en ses sous-multiples*, dont nous allons nous occuper.

XLIXe LEÇON.

Des Surfaces agraires.

Qu'appelle-t-on surfaces agraires ?

On appelle *surfaces agraires* celles des champs, des jardins, des prairies, etc.

Quelle est l'unité de mesure pour les surfaces agraires?

L'unité de mesure pour les mesures agraires est l'*are*.

C'est un carré de dix mètres de côté, ou un décamètre carré.

Pour évaluer une surface carrée on multiplie son côté par lui-même; il en résulte que l'are est une surface de cent mètres carrés.

L'are a-t-il plusieurs multiples et sous-multiples ?

L'are n'a qu'un multiple; c'est l'*hectare*, qui vaut cent ares; il n'a non plus qu'un sous-multiple, c'est le *centiare*, centième partie de l'are.

Qu'est-ce que l'hectare ?

L'hectare est un carré de cent ares, et dont chaque côté a un hectomètre de longueur.

Qu'est-ce que le centiare ?

Le centiare est un mètre carré.

Y a-t-il des mesures réelles pour les surfaces?

Non; c'est-à-dire que les carrés appelés are, hectare et centiare, n'existent pas sous forme de mesures, comme le mètre, le litre, etc.

— On peut bien les tracer sur le terrain pour s'en faire l'idée; mais l'évaluation des surfaces se fait simplement au moyen des mesures de longueur, au moyen du mètre et de ses subdivisions pour les petites surfaces, et du décamètre pour les grandes et pour les surfaces agraires.

Quelle remarque importante avez-vous à faire sur le calcul des surfaces ?

La voici : Les multiples des surfaces sont 100 fois plus forts les uns que les autres, et non dix fois seulement.

Il en résulte, 1° que quand on veut savoir combien il y a de décamètres carrés ou d'ares dans un nombre de mètres carrés, il faut placer la virgule à gauche du chiffre ordinaire des *dizaines*, c'est-à-dire deux rangs vers la gauche. — Les deux chiffres suivants à gauche représentent des hectomètres carrés ou hectares.

2° Que, s'il y a des décimètres, les deux premiers chiffres après la virgule représentent des *décimètres carrés ;* — les deux suivants, des *centimètres carrés ;* les deux autres enfin, des *millimètres carrés.*

Ainsi, les deux premiers chiffres à gauche représentent les *dizaines* du mètre carré ; — les deux chiffres suivants représentent les *centaines* du mètre carré ; — les deux premiers à droite, les *dixièmes* du mètre carré ; — les deux suivants, les *centièmes*, etc.

Ex. : 35803 mètres carrés = 358 décamètres carrés et 3 mètres carrés ; — ou 3 hectomètres carrés 58 décamètres carrés et 3 mètres carrés.

S'il s'agit de surfaces agraires, 35803 m. carrés = 3 hectares 58 ares et 3 centiares.

Comment obtient-on la superficie, c'est-à-dire le nombre d'ares, d'hectares, de mètres carrés, etc., d'une surface carrée ou de forme oblongue ?

RECTANGLE

ou

carré long.

Si c'est un *carré*, on multiplie son côté par lui-même.
— Si c'est un *carré long*, on en multiplie la longueur par la largeur.

Ainsi, un champ de 150 m. de long sur 100 de large = 150 × 100 = 15000 m. carrés ou 1 hectare 50 ares de surface.

Un plancher de 9 m. 25 sur 12 m. 15 = 9,25 × 12,15 = 112 m. c., 3875 ou 112 mètres carrés, 38 décim. carrés, 75 centim. carrés.

DEVOIRS POUR L'INTELLIGENCE DE LA XLIXe LEÇON.

Nota. Ceci devra être démontré par écrit.

Expliquez que le décam. carré = 100 m. carrés.
— que l'hectom. carré = 10000 m. carrés.
— que le kilom. carré = 1000000 m. carrés.
— que le décim. carré = la 100e partie du m. carré.
— que le centim. carré = la 10000e partie du m. carré.

EXERCICES A FAIRE PAR ÉCRIT.

1. Combien y a-t-il de mètres, de décamètres, d'hectomètres et de kilomètres carrés dans 3745908 m. carrés?

2. Comb. de mètres carrés, de décam., d'hectom., de kilom. et de myriam. carrés dans 23408579836 mètres carrés?

3. Combien de centiares, d'ares, d'hectares dans 3507648 m. carrés; dans 60730912 m. carrés?

4. Convertissez les nombres ci-dessus en *myriam. carrés* et fraction décimale du myriam.; — puis en *kilom. carrés* et fraction décimale du kilom.; — puis en *hectares* et fraction décimale de l'hectare; — puis, enfin, en *ares* et fraction décimale de l'are.

5. Comb. d'ares et d'hectares dans 37506 m. car., 85?

6. Convertissez 67098405 m. car., en myriam. car. et ses sous-multiples.

PROBLÈMES POUR DEVOIRS.

1. On doit blanchir un mur au prix de 0 fr. 65 le m. car. S'il a 87 m. 35 de long, sur une haut. de 3 m. 20, comb. dépensera-t-on?

2. Un plancher de 9 m. 70 sur 10 m. ayant coûté 385 fr., à combien revient le mètre carré ?

3. Une salle doit être pavée en briques carrées de 20 centimètres de côté ; combien en faudra-t-il de milliers, si la superficie de cette salle est de 275 m. carrés ?

4. Une plaine d'une longueur moyenne de 3780 m., et d'une largeur moyenne des deux tiers de la longueur, sera vendue, puis partagée entre 27 personnes, en portions égales. Quelle sera la part de chacune, en hectares et fraction décimale?

5. Un jardinier veut faire une pépinière ; il estime que chaque arbre aura besoin d'un espace de 66 décimètres carrés ; combien pourra-t-il en mettre dans un verger de 75 ares ?

6. Je tapisse une chambre avec des rouleaux de papiers de 9 m. sur 0 m. 43. Quelle surface ont les murs s'il faut 23 roul. et un tiers?

7. Combien de feuilles d'or de 29 centimètres carrés pour couvrir les quatre côtés d'un cadre ayant 2 m. sur 1 m. 65 , les baguettes ayant 27 centimètres de largeur?

8. Un arrondissement a une long. moyenne de 27 lieues , et une larg. de 17 lieues et demie ; quelle en est la superficie en kil. carrés?

9. Une coupe de bois produit 60000 fr. ; si elle occupe une surace de 43 hectares 25 ares, quel est le revenu moyen par hectare ?

10. Un homme assis occupe un espace de 0 m. c. 1650 , combien d'hommes assis tiendraient dans une salle de 27 m. sur 9 m. 65?

L° LEÇON.

Mesures de volume ou de solidité.

Nous avons jusqu'ici étudié les mesures de l'étendue considérée comme *ligne*, ayant une seule dimension , la longueur; et comme *surface*, ayant deux dimensions, la longueur et la largeur.

Quand on y ajoute une troisième dimension, épaisseur ou profondeur, l'étendue prend le nom de solide.

Un solide, c'est l'étendue avec trois dimensions : longueur, largeur et épaisseur ou profondeur.

Quand on demande si une poutre est assez longue, on la considère comme une ligne, et la mesure est le *mètre*.

Quand on s'occupe, en outre, de la largeur des planches qu'on en peut tirer, on la considère comme une surface, et sa mesure est le mètre carré.

Si, enfin, on se demande quelle force auront les soliveaux qu'on en peut tirer en la sciant en quatre, par exemple, longitudinalement, on la considère avec les trois dimensions réunies, et c'est un solide. Tout solide ayant la forme d'un dé à jouer, dont les six faces sont des carrés égaux, s'appelle *cube*.

———

Quelle est l'unité des mesures de volume ou de solidité?

L'unité des mesures de volume ou de solidité est le *mètre cube*. — C'est un cube ayant un mètre d'arêtes. Il sert à mesurer tout volume autre que le bois de chauffage et de charpente.

Le mètre cube a-t-il des multiples?

Non, le mètre cube n'a pas de multiples pour les usages ordinaires de la vie.

Cependant on exprime en kilomètres et myriamètres cubes le volume du globe terrestre et celui des eaux de la mer.

Quels sont les sous-multiples du mètre cube ?

Les sous-multiples du mètre cube sont :
le *décimètre cube*, — 1000ᵉ partie du mètre cube ;
le *centimètre cube*, — 1000ᵉ partie du décimètre cube.
le *millimètre cube*, — 1000ᵉ partie du centimètre cube.

———

LIᵉ LEÇON.

Suite des mesures de volume.

Comment décroissent les sous-multiples du mètre cube?

Les sous-multiples du mètre cube décroissent par mille.

Expliquez-nous comment il se fait que les sous-multiples du mètre cube décroissent par mille, et non par DIX comme

ceux du mètre de longueur, ou par CENT *comme ceux des mesures de surface.*

On calcule le volume d'un cube en multipliant les unités
de sa longueur par celles de sa largeur, et leur produit
par les unités de sa hauteur.

Si l'on veut savoir le nombre de *décimètres cubes* renfermés dans le mètre cube, on dira donc : Le décimètre est
compris dix fois dans chacune des dimensions du mètre
cube, je dois donc multiplier 10 par 10, le produit 100
par 10, ce qui donne 1000 décimètres cubes. — Le *décimètre cube* est donc la 1000e partie du mètre cube.

Si l'on voulait savoir le nombre de *centimètres cubes*
tenus dans le décimètre cube, on dirait encore : Le *centimètre* est compris dix fois dans chacune des dimensions
du décimètre cube, je dois donc multiplier 10 par 10 et le
produit 100 par 10 ; ce qui donne 1000 centimètres cubes.

Le *centimètre cube* est donc la 1000e partie du décimètre
cube.

J'en dirais autant s'il s'agissait de calculer les *millimètres cubes* compris dans le centimètre cube.

On voit par là que les sous-multiples du mètre cube
décroissent par *mille*.

*Que doit-on conclure de ce que les sous-multiples du mètre
cube décroissent par mille ?*

De ce que les sous-multiples du mètre cube décroissent
par mille, il résulte que quand il y a des décimales à la
suite d'un nombre de mètres cubes, *les trois premiers chiffres à droite de la virgule expriment des décimètres cubes,*
—les trois suivants expriment des *centimètres cubes,* —
et les trois autres des *millimètres cubes.*

Ainsi, dans le nombre 12 m. 346678, il y a 12 mètres
cubes, 345 décimètres cubes, 678 centimètres cubes.

Résumez donc ce que vous savez sur la place des chiffres

décimaux, selon que les nombres expriment des longueurs, des surfaces ou des volumes.

Les décimètres de longueur se représentent par *un* chiffre à droite de la virgule; — les décimètres carrés, par *deux* chiffres; — les décimètres cubes, par *trois* chiffres.

Les centimètres de longueur se représentent par *deux* chiffres; — les centimètres carrés par *quatre* chiffres; — les centimètres cubes, par *six* chiffres.

Les millimètres de longueur se représentent par *trois* chiffres; — les millimètres carrés par *six* chiffres; — les millimètres cubes, par *neuf* chiffres.

Nota. Cette leçon est l'une des plus difficiles de l'arithmétique. Les élèves ne la comprendront qu'autant qu'elle leur sera ingénieusement expliquée au moyen d'un petit cube, de bois par exemple, décomposé en ses sous-multiples.

EXERCICES DE MÉMOIRE.

1. Comb. de décim. cubes dans un cube ayant 5 décim. de côté ?

2. Comb. de mètres cubes d'eau contiendrait une citerne cubique de 4 m. de côté ?

3. Comb. de centim. cubes dans une boîte cubique de 7 centim. de côté ?

4. Comb. de millim. cubes dans un dé à jouer de 6 millim. de côté?

5. Comb. de mètres cubes de sable dans une fosse cubique de 3 m. de côté ?

6. Comb. de centim. cubes dans une boîte cubique de 9 c. de côté?

7. Comb. de mètres cubes dans un tas de 5 m. en tous sens ?

8. Comb. de décim. cubes de terre a-t-on retirés pour faire une fosse de forme cubique de 6 m. de côté?

9. Quel est le côté d'un cube de 125 décim. cubes ?

10. Quelle est l'arête d'un cube de 216 centim. cubes ?

Le maître fera découler de la leçon le calcul des volumes, qu'il pourra provisoirement *appeler des cubes allongés, tels que les tas de bois de chauffage et de grosses pierres, quand ils sont arrangés pour être mesurés ; et autres volumes semblables.*

PROBLÈMES POUR DEVOIRS.

1. Quel est le volume d'un tas de bois de 9 m. sur 7 m. et 3 m. ?

2. Quel est le volume d'un tas de pierres de 25 m. sur 23 m. et 17 m. ?

3. Quel est le volume d'un tas de pierres de 32 m. sur 16 m. et 24 m. ?

4. Quel est le volume d'un tas de bois de 47 m. sur 13 m. et 9 mètres ?

5. Combien de mètres cubes de sable dans une fosse de 64 m. sur 3 m. et 8 m. ?

LIIᵉ LEÇON.

Suite des Mesures de volume.

DU STÈRE.

Comment s'appelle le mètre cube quand il sert à évaluer des bois de charpente et de chauffage ?

Il s'appelle *stère.*

Le stère a-t-il un ou plusieurs multiples ?

Le stère n'a qu'un multiple décimal, c'est le décastère. On emploie aussi le *double stère* et le *demi-décastère.*

Le stère a-t-il les mêmes sous-multiples que le mètre cube ?

Le stère n'a qu'un sous-multiple décimal, c'est le *décistère,* qui est la dixième partie du stère.

C'est un solide ayant un mètre carré de base sur un décimètre de hauteur : c'est donc un dixième du mètre cube.

On emploie aussi le *demi-décistère*:

Un décimètre cube et un dixième de mètre cube ne sont donc pas une même chose?

Non. Le *décimètre cube* est un volume ayant 1 décimètre de côté. — Le *dixième du mètre cube* est un volume ayant 1 mètre de longueur et de largeur sur 1 décimètre de hauteur. Un dixième de mètre cube = 100 décimètres cubes.

On trouverait de même que le *centième de mètre cube* renferme 10000 centimètres cubes.

Y a-t-il des mesures réelles pour les volumes?

Le stère seul existe avec ses sous-multiples; mais l'évaluation des volumes se fait simplement au moyen des mesures de longueur.

Comment calcule-t-on le volume des corps droits réguliers, tels que les tas de bois de chauffage, etc. ?

On multiplie le nombre de mètres de sa longueur par celui de sa largeur, et leur produit par le nombre de mètres de sa hauteur. *Ex.* : un tas de bois a 9 m. de long, 7 m. de large et 3 m. de hauteur; il renferme donc $9 \times 7 = 63 \times 3 = 189$ stères ou mètres cubes.

EXERCICES ET PROBLÈMES.

1. Combien de décimètres et de centimètres cubes dans. . . . .

$$\left\{ \begin{array}{l} 37^m 208327 \\ 50, \ 65007 \\ 215, \ 387906 \\ 743, \ 89065 \\ 504, \ 2742 \end{array} \right.$$

2. Combien de stères de bois dans un tas ayant 29 m. 30 de long, sur 4 m. 70 de large et 3 m. 25 de haut.?

3. Combien de stères dans un tas de 47 m. 35 de long, 8 m. 60 de large et 2 m. 45 de haut?

4. Combien de stères de bois dans un arbre équarri de 23 m. 75 de long, 0 m. 63 de large et 0 m. 55 d'épaisseur?

5. Un tas de bois de 13 m. 70 de long, 4 m. 65 de large et 2 m. 45 de haut a coûté 427 fr., à combien revient le *stère*, — le *décastère*, — le *double stère?*

6. Une pompe tirant par heure 2 m. cubes 750, combien tirerait-elle en 24 heures?

7. 49 m. cubes 655 de maçonnerie coûtent 578 fr., quel est le prix du mètre cube?

8. Un bassin a 26 m. sur 9 m. 30 et 0 m. 85; une fontaine y a versé 7 m. cubes 457 en deux heures; en combien d'heures sera-t-il plein?

9. Quel serait le prix du décistère de bois, si le décistère coûtait 42 fr. 75?

10. Un ouvrier maçon est payé à raison de 76 fr. les deux mètres cubes; s'il ne reçoit que 23 fr. 40 pour son travail, combien en a-t-il fait?

LIIIe LEÇON.

Mesures de poids.

Quelle est l'unité des mesures de poids?

L'unité des mesures de poids est le *gramme*, qui est un poids égal à celui d'un centimètre cube d'eau *distillée*, à la température de 4 *degrés et un dixième au-dessus de zéro*, et pesé dans un vase *privé d'air*.

Qu'est-ce que de l'eau distillée?

C'est de l'eau très-pure, débarrassée des sels, de la poussière, etc., qu'elle tient ordinairement en dissolution. Telle est l'eau de pluie, quand elle tombe directement du ciel dans un vase très-propre, par un temps calme.

Qu'entend-on par ces mots 4 degrés et un dixième au-dessus de zéro?

Pour mesurer l'augmentation ou la diminution de chaleur ou de froid, on se sert d'un petit instrument appelé *thermomètre*. Il consiste en un petit tube de verre rempli de mercure (vif-argent), attaché à une planchette qui est divisée en quatre-vingts ou en cent parties égales appelées *degrés de température.* Ces degrés sont numérotés de zéro, en bas, jusqu'à 100 ou 80 en haut.

Quand le froid se fait sentir, le mercure se condense. il descend ; et s'il arrive au zéro (0) de l'échelle, le temps est à la glace. — Au-dessous de zéro, c'est pour le froid plus fort ; et au-dessus, c'est pour le dégel et la chaleur. — Le *gramme* a été calculé lorsque le mercure marquait une chaleur de 4 degrés et un dixième.

Qu'est-ce qu'un vase privé d'air ?

C'est un vase d'où l'on a extrait l'air par un moyen qu'indique la physique. — L'air est plus ou moins lourd, selon qu'il est sec ou humide. Or, sur un si petit poids que le centimètre cube d'eau, les variations de l'air pouvaient elles-mêmes avoir de l'effet ; c'est pour ce motif qu'on a mieux aimé faire la pesée dans le vide.

———

Quels sont les multiples du gramme ?

Les multiples du gramme, sont : — le *décagramme*. qui pèse 10 grammes ; — l'*hectogramme*, qui pèse 100 grammes : — le *kilogramme*, qui pèse 1000 grammes ; le *myriagramme*, qui pèse 10000 grammes.

La loi autorise l'emploi du *double gramme* $= 2$ gram. du *double décagramme* et de sa moitié ; — du *double hectogramme* et de sa moitié ; — du *double kilogramme* et de sa moitié ; — du *quintal*, poids de 100 kilogrammes, du double et du demi-quintal ; — du *millier*, poids de 1000 kilogrammes, qu'on nomme encore tonne ou tonneau de mer.

Quels sont les sous-multiples du gramme ?

Les sous-multiples du gramme sont le *décigramme*, 10ᵉ du gramme ; — le *centigramme*, 100ᵉ du gramme ; — le *milligramme*, 1000ᵉ du gramme.

Ces sous-multiples ne s'appliquent qu'aux matières précieuses.

Quelles sont donc les mesures réelles de poids?

Les mesures réelles de poids sont : le gramme, le double gramme, le décag., son double et sa moitié ; — l'hectogr., son double et sa moitié ; — le kilog., son double et sa moitié ; — le myriagr., son double et sa moitié.

Comme sous-multiples, le demi-gramme ; — le décigramme, son double et sa moitié ; — le centigr., son double et sa moitié.

Quelle est la mesure de poids à laquelle on rapporte ordinairement toutes les autres?

La mesure de poids à laquelle on rapporte ordinairement toutes les autres est le *kilogramme*, parce que c'est un poids de moyenne force, et que d'ailleurs il remplace très-bien le double de la *livre*, vieux poids auquel on était autrefois tres-habitué.

Y a-t-il quelque rapport entre le litre et le kilogramme?

Oui, parce que le litre d'eau distillée pèse 1 kilog.

En effet, d'après ce qui a été dit sur la mesure des volumes (51ᵉ leçon), on trouverait facilement que le décimètre cube ou litre contient mille centimètres cubes. S'il s'agit donc d'eau distillée, ce sera 1000 grammes ou 1 kilogramme, comme on l'a vu ci-desus.

EXERCICES DE MÉMOIRE.

1. Si 1 kilog. de café coûte 3 fr. 45, comb. coûterait un myriagr., — un quintal, — un demi-quintal, — un millier, — un demi-millier?

2. Si 1 décagr. de marchandise coûte 0 fr. 085, comb. coûterait l'hectogr., — le double hectogr., — le gramme, — le kilog., — le demi-kilog., — le myriag., — le quintal. — le millier?

3. Qu'exprime le premier chiffre décimal après la virgule d'un nombre de kilog., — qu'exprime le 2ᵉ chiffre, — qu'exprime le 3ᵉ chiffre?

4. Comb. pèsent 10 litres d'eau pure, — 25 litres, — 1 hectol., — une barrique de 228 litres?

PROBLÈMES A FAIRE PAR ÉCRIT.

1. Si un kilog. de marchandise coûte 1 fr. 85, comb. coûteraient 27 décag. ?

2. Si le quintal d'huile coûte 325 fr., combien coûterait un kilog. — combien les 32 décag. ?

3. 27 hommes de la même force peuvent soulever un fardeau de 3219 kilog. 57, combien chaque homme soulève-t-il ?

4. Une charrette de roulage est chargée de sept caisses de poudre coûtant 1923 fr., et de quatre caisses de plomb coûtant 1417 fr. — Chaque caisse de poudre en renferme 83 k. 70 ; — chaque caisse de plomb, 398 k. 45. — On demande : 1° à combien revient le kilogr. de poudre ; — 2° à combien revient le kilog. de plomb ; — 3° à combien revient le demi-kilogr. de poudre ; — 4° à combien revient le double hectogr. de plomb ?

5. Si 9 litres d'huile pèsent autant que 10 litres d'eau pure, trouver le poids de 380 décal. d'huile ?

6. Si 2 hectol. d'esprit-de-vin pèsent 85 kil. 30, comb. pèse le litre, — le décal. ?

7. Un navire de 600 tonneaux est chargé de grain. Si ce grain pèse 18 k. 75 le double décal., comb. y en a-t-il de demi-hectol. ?

8. Un roulage prend 7 fr. 40 du quintal de marchandises, combien de quintaux a-t-il transportés pour recevoir 879 fr. ?

9. Si un bloc de fer d'un décim. cube pèse 7 k. 78, comb. y aurait-il de blocs semblables dans une caisse pouvant contenir 325 litres, — combien pèserait un mètre cube ?

10. Comb. un navire de 700 tonneaux pourrait-il porter de plomb, si un mètre cube de ce métal pèse 11352 kilog. ?

LIVᵉ LEÇON.

Mesures de contenance ou de capacité.

Qu'appelle-t-on mesures de contenance ou de capacité ?

On appelle mesure de capacité ou de contenance celles qui servent à mesurer les *liquides*, tels que vins, cidres, huile, etc.; — les *grains* et les *matières sèches*, tels que le charbon, la cendre, le plâtre, la chaux, etc.

Quelle est l'unité des mesures de contenance ?

L'unité des mesures de contenance est le *litre*.

Qu'est-ce que le litre ?

Le *litre* est un vase dont la contenance est égale à celle d'un autre vase ayant un *décimètre cube* intérieurement.

Quels sont les multiples du litre ?

Les multiples du litres sont : — le *décalitre*, contenance de 10 litres; — l'*hectolitre*, contenance de 100 litres; le *kilolitre*, contenance de 1000 litres.

On ne fait pas usage de ce dernier, à cause de ses dimensions considérables.

La loi autorise l'emploi : du *double litre*, vase de 2 litres; — du *demi-décalitre*, vase de 5 litres; — du *double décalitre*, vase de 20 litres; — du *demi-hectolitre*, vase de 200 litres.

Quels sont les sous-multiples du litre ?

Les sous-multiples du litre sont : le *décilitre*, 10ᵉ du litre; — le *centilitre*, 100ᵉ du litre.

La loi autorise l'emploi du *demi-litre*, du *double décilitre*, du *demi-décilitre* et du *double centilitre*.

Quelles sont donc les mesures réelles de contenance ?

Le litre, son double et sa moitié; — le décalitre, son double et sa moitié; — et le demi-hectolitre.

Comme sous-multiples, le demi-litre, — le décilitre, son double et sa moitié; — le centilitre et son double.

Quelles sont la forme et la contenance des mesures de contenance ?

Toutes ces mesures ont la forme de cylindres creux. Quant aux dimensions, il a été réglé que celles destinées aux liquides doivent avoir une hauteur double du diamètre ; et que, dans les mesures destinées aux matières sèches, la hauteur doit être égale au diamètre.

EXERCICES DE MÉMOIRE.

1. Si un litre d'huile coûte 1 fr. 25, combien coûterait le décalitre, — le décilitre, — le double décalitre ?

2. Si le décalitre de vin coûte 8 fr. 25, combien l'hectolitre, — le litre, — le double décalitre, — le demi-décalitre ?

3. Si le demi-hectolitre de froment coûte 7 fr. 05, combien l'hectolitre, — le litre, — le double décalitre, — le décalitre ?

4. Si un centilitre d'un liquide précieux coûte 0 fr. 75, combien le décalitre, — le litre, — le double litre ?

PROBLÈMES A FAIRE PAR ÉCRIT.

1. Combien d'hectolitres dans 2745 litres ?
2. Combien de litres dans 39 hectolitres ?
3. Combien de litres dans 27 hectolitres 45 ?
4. Combien d'hectolitres dans 76493 litres ?
5. Un litre de vin coûtant 1 fr. 25, combien les 37 décalitres ?
6. Si 1 décal. de grain coûte 0 fr. 975, comb. coûteraient 7 hect. 50 ?
7. Si 25 hect. 60 de grain coûtent 309 fr. comb. le décalitre ?
8. Une barrique contient 2 hect. 28 d'huile fine et coûte 350 fr. 73, à combien revient le litre ?
9. Si 9 doubles décal. de grain coûtent 38 fr. 40, comb. coûte l'hectol. ?
10. Un navire a fait naufrage, il portait 305 tonneaux de vin et 250 d'huile ; si le tonn. est de 4 barriques, chacune de 2 hect. 50, que chaque hectol. de vin coûte 97 fr.. et chaque décal. d'huile 13 fr. 45, on demande la valeur de la perte, non compris le navire, etc.

LVᵉ LEÇON.

Des Monnaies.

Quelle est l'unité des nouvelles monnaies ?

L'unité des monnaies est le *franc* ; c'est une pièce pesant 5 grammes d'un métal composé de neuf dixièmes de son poids *d'argent* et d'un dixième de *cuivre*.

Quelles sont les pièces supérieures au franc?

Ce sont les pièces d'argent de *deux francs* et de *cinq francs*; et les pièces d'or de *cinq, dix, vingt, cinquante* et *cent* fr. — Il y a aussi l'ancienne pièce de *quarante* fr.

Quelles sont les pièces moindres que le franc?

Ce sont les pièces de bronze d'*un, deux, cinq* et *dix centimes;* et les petites pièces d'argent de *vingt* et de *cinquante centimes.*

Le franc a donc deux multiples décimaux ; c'est la pièce de 10 francs et celle de 100 francs ; — et deux sous-multiples décimaux : le *décime* et le *centime.*

Il y a aussi quatre multiples non décimaux, qui sont :

Les pièces de 2 francs, *double* du franc : — de 5 francs; *moitié* de dix francs; de 20 francs, *double* de 10 francs; de 50 francs, moitié de cent francs.

Le franc a également des sous-multiples non décimaux, savoir : la pièce de 20 centimes, *double* du décime; — la pièce de 5 centimes, *moitié* du décime; — la pièce de 2 centimes, *double* du centime.

Dites le poids des diverses pièces de monnaie.

Le voici, dans l'ordre croissant de leurs valeurs :

BRONZE.			Un franc......	5 grammes.
Centime......	1	gramme.	Deux francs...	10 id.
Deux centimes..	2	id.	Cinq francs....	25 id.
Cinq centimes..	5	id.	**OR.**	
Dix centimes...	10	id.	Cinq francs...	1,613
ARGENT.			Dix francs....	3,226
			Vingt francs...	6,452
Vingt centimes.	1		Cinquante fr...	16,129
Cinquante cent.	2,50		Cent francs....	32,258

Quel rapport de valeur y a-t-il entre l'or et l'argent monnayés?

A poids égal, l'or vaut 15 fois $\frac{1}{2}$ plus que l'argent; c'est-à-dire qu'une pièce d'or du poids de 5 grammes vaudrait 15 fr. 50 : une pièce d'or du poids de 2 fr. d'argent vaudrait donc 31 fr.

Ce rapport serait semblable pour deux ouvrages au même titre, dont l'un serait en or et l'autre en argent.

Quelle est la composition du bronze des monnaies?

Le bronze des monnaies se compose de 95 centièmes de cuivre, de 4 centièmes d'étain et de 1 centième de zinc.

Pourquoi a-t-on allié du cuivre avec l'argent et l'or des monnaies?

C'est afin de rendre les monnaies plus dures, et, ainsi, de les faire servir plus longtemps ; car, à l'état de pureté, ces métaux sont mous et faciles à user. — C'est pour le même motif, et aussi parce qu'il ne s'oxydera pas, qu'on a préféré le bronze à l'ancien métal des grosses monnaies.

Dans quelle proportion fait-on ce mélange ou alliage?

L'alliage du cuivre à l'argent monétaire se fait dans la proportion d'un dixième à neuf dixièmes, ainsi que celui du cuivre avec l'or ; c'est-à-dire que dans la pièce de deux francs, par exemple, qui pèse 10 grammes, il entre un dixième de cuivre (1 gramme, par conséquent), et 9 dixièmes d'argent fin (9 grammes, par conséquent). C'est ce que l'on appelle aussi le *titre* des monnaies.

———

L'argent et l'or travaillés sont-ils toujours au titre de 9 dixièmes (0, 9), ou de 900 millièmes (0, 900)?

Non, le titre des métaux travaillés n'est pas toujours le même. — Il y a trois titres légaux pour les ouvrages d'or : le 1er titre est de 920 millièmes (0, 920) ; — le 2e titre est de 840 millièmes (0, 840) ; — et le 3e titre est de 750 millièmes.

Combien y a-t-il de titres pour les ouvrages d'argent?

Il n'y a que deux titres légaux pour les ouvrages d'argent : le 1er est de 950 millièmes et le 2e de 800 millièmes.

Les titres des objets d'argent ou d'or ne sont-ils pas indiqués sur ces objets?

Ces titres sont indiqués, sur les objets fabriqués, par des poinçons portant les chiffres 1, 2 ou 3, et d'autres marques particulières que l'on y frappe, après qu'ils ont été vérifiés au bureau des garanties, où on les brise s'ils ne sont pas à l'un des titres légaux.

D'après cela, le titre d'un métal étant indiqué, on peut toujours trouver la quantité de *fin* que contient un lingot de ce métal.

Combien les métaux travaillés ont-ils de valeurs ?

Les métaux travaillés ont deux valeurs : la valeur *nominale*, qui est celle de la vente et pour laquelle une monnaie circule; et la valeur *intrinsèque*, qui est celle du métal *fin* renfermé dans telle pièce ou dans tel morceau de métal.

EXERCICES DE MÉMOIRE.

1. Dites le poids de 3 francs en pièces d'argent, — de 7 fr., — de 10 fr., — de 25 fr., — de 100 fr., — de 275 fr.

2. Dites combien il faudrait de pièces de deux centimes pour faire le poids d'un décilitre d'eau distillée.

3. Dites le poids du zinc qui entre dans la composition d'un kilog. de monnaie de bronze.

4. Combien de cuivre dans 3 hectogr. de monnaie de bronze ?

5. Combien faudrait-il de pièces de 2 f. pour le poids d'un kilog.?

6. Dans un sac de 1000 fr. combien de cuivre, — combien d'argent ?

7. Un couvert d'argent est au titre de 800 millièmes ; s'il pèse 4 hect. 50, combien de fin renferme-t-il ?

8. Quel est le poids de 2500 fr. d'argent?

9. Combien de dix centimes pour faire contre-poids à 32 pièces de 2 fr.; — à 20 fr. d'argent; — à 50 fr. d'or; — à 75 fr. d'or?

10. Quelle valeur aurait une pièce d'or du même poids qu'une pièce de 5 francs?

PROBLÈMES.

1. Combien pèsent 850 francs en argent?

2. Combien faut-il de pièces de 5 francs d'argent pour faire un poids de 7 k. 25?

3. Quel poids d'argent fin y a-t-il dans une somme de 49 fr. 50. en pièces d'argent?

4. Combien y a-t-il de cuivre dans un sac de pièces d'argent de 5784 fr. 50 ?

5. J'ai acheté six couverts d'argent du poids de 1 hect. 65 chacun, au premier titre ; et six autres couverts du même poids, au deuxième titre. On demande la différence de quantité de cuivre entre les deux demi-douzaines de couverts.

6. On a un lingot d'argent pur pesant 3 k. 75, dont on voudrait faire des couverts pesant chacun 1 hect. 49, au second titre ; combien pourrait-il en produire ?

7. Quelle somme en or ferait un poids égal à 600 fr. d'argent, et quel serait ce poids ?

8. Quelle somme d'argent ferait un poids égal à 1760 fr. d'or monnayé, et quel serait ce poids ?

9. Quel poids de cuivre faut-il pour fabriquer 2500 fr. de monnaie de bronze ?

10. On fond des flambeaux d'argent au second titre. Ils pèsent ensemble 3 kil. 75 ; combien en retirerait-on de timbales pesant 0 hect. 97 au premier titre ?

LVIᵉ LEÇON.

Récapitulation des leçons sur le système métrique.

1° On a changé les anciennes mesures parce qu'il n'y avait pas entre elles la moindre uniformité ; — parce qu'elles ne dérivaient pas d'une base fixe, unique et invariable ; — enfin, parce qu'elles étaient la cause de continuelles erreurs et de fréquents procès.

2° L'an 1791, le gouvernement décréta le changement des anciennes mesures en nouvelles, ayant pour base la longueur du quart du méridien terrestre ; — mais le système métrique, avec tous ses noms, ses multiples et ses sous-multiples, ne fut entièrement créé qu'en 1799.

3° C'est depuis le 1ᵉʳ janvier 1840 que l'emploi des noms des vieilles mesures dans les actes publics est prohibé ; et que les noms nouveaux, tels que la loi les donne, sont et doivent être seuls employés.

4° Du mètre, qui est la *quarante millionième partie* d'un méridien terrestre, dérivent toutes les mesures composant le système légal.

5° Sept mots suffisent pour représenter les mesures principales ; ce sont les mots *mètre, mètre carré, are, stère ou mètre cube, litre, gramme* et *franc.*

6° Sept autres mots placés avant chacun des noms des mesures principales en indiquent les multiples et les sous-multiples. Les mots *déca, hecto, kilo, myria,* sont pour les multiples ; les mots *déci, centi, milli,* sont pour les sous-multiples.

7° Il n'y a pas seulement des multiples et des sous-multiples décimaux, la loi autorise l'emploi du double et de la moitié de chaque unité principale, de ses multiples et de ses sous-multiples.

8° Les mesures itinéraires sont des mesures de longueur appliquées aux chemins et aux routes ; ces mesures sont : le kilomètre et le myriamètre.

9° Une surface, partie visible et extérieure des choses, est l'étendue avec deux dimensions : la longueur et la largeur.

10° L'unité des mesures de surface ordinaires est le mètre carré ; — celle des surfaces agraires est l'are.

11° Dans un nombre exprimant une surface agraire, les *deux* premiers chiffres à gauche de la virgule représentent des mètres carrés ou *centiares*; — les *deux* suivants à gauche, des décamètres carrés ou *ares;* — les deux d'après, des hectom. carrés ou *hectares.* — Les décimètres carrés sont représentés par les *deux* premiers chiffres décimaux ; — les centimètres carrés, par les *deux* suivants.

12º Un solide est l'étendue avec trois dimensions : longueur, largeur et épaisseur ou profondeur.

13º L'unité des mesures de solidité est le stère ou mètre cube. — Dans un nombre représentant des mètres cubes, les décimètres cubes sont représentés par les *trois* premiers chiffres décimaux ; — les centimètres cubes, par les *trois* suivants, etc.

14º L'unité des mesures de capacité ou de contenance est le litre.

15º L'unité des mesures de poids est le gramme, poids d'un centimètre cube d'eau distillée à 4 degrés 1 dixième au-dessus de zéro et pesée dans un vase privé d'air.

16º Le quintal pèse cent kilogrammes ; le millier pèse mille kilogrammes ; il est affecté aux tonneaux de mer.

17º L'unité des nouvelles mesures est le franc, pièce d'argent du poids de cinq grammes.

18º Le bronze des monnaies se compose de cuivre, d'étain et de zinc, dans la proportion de 95, 4 et 1 centième du poids.

19º Les pièces d'argent et d'or renferment un dixième de leur poids de cuivre ; c'est ce qu'on appelle l'alliage. La quantité de *fin* que renferme un métal est ce que l'on nomme le *titre*.

20º A poids *égal*, l'or vaut 15 fois 1/2 plus que l'argent.

LVIIᵉ LEÇON.

Division du temps.

Les lois de 1793 avaient créé une nouvelle manière de supputer les dates et de mesurer le temps. Elles remplacèrent l'ère chrétienne, qui remonte à la naissance de J. C., par l'ère républicaine, qui commençait au 22 septembre 1792, jour où la République avait été proclamée par la Convention. — Elles donnèrent aux mois des noms nouveaux, et le même nombre de jours à chacun d'eux, c'est-à-dire à tous 30 jours. — Les mois furent divisés chacun en trois décades ; le jour en 10 heures, l'heure en 100 minutes, etc. Les jours reçurent même des noms nouveaux.

Mais on reconnut bientôt les inconvénients et l'inutilité de ces changements, qui furent successivement abrogés. Et l'an 1806 vit rétablir dans toutes ses parties l'ancien calendrier, nommé calendrier grégorien, qui date de l'an 1582.

Le calendrier républicain fut donc en vigueur durant 13 ans 3 mois et 9 jours.

Quelle est l'unité de mesure du temps ?

L'unité de mesure du temps est le jour : c'est le temps que la terre met à faire un tour sur elle-même.

Comment se divise le jour ?

Le jour se divise en 24 heures, commençant à minuit ; l'heure se divise en 60 minutes, et la minute en 60 secondes.

Sept jours font une semaine, à compter du dimanche ; — 365 jours, et quelquefois 366 jours, composent une année.

Qu'est-ce que l'année ?

L'année est le temps que la terre emploie à faire son mouvement de translation autour du soleil.

Combien y a-t-il de sortes d'années ?

Il y a deux sortes d'années : les années *communes* et les années *bissextiles*. Les années communes sont celles de 365 jours ; les années bissextiles sont celles de 366 jours. Celles-ci ne reviennent que tous les quatre ans.

A quoi reconnaît-on si une année est commune ou bissextile ?

Cela se reconnaît au millésime : quand les deux derniers chiffres à droite du millésime forment un nombre exactement divisible par 4, l'année est bissextile. — Si au contraire ces deux derniers chiffres ne forment pas un nombre divisible exactement par 4, l'année est commune.

Ainsi, 1852 était une année bissextile, car 52 est divisible par 4; mais 1854 était une année commune, car 54 n'est pas divisible exactement par 4.

Comment se divise l'année ?

L'année, qui commence le 1er janvier et finit le 31 décembre, se divise en douze mois, ou en cinquante-deux semaines, ou enfin en quatre saisons.

Nota. Dans le commerce, on ne compte que 30 jours par mois. — Quand l'année est bissextile, le mois de février est de 29 jours, un jour de plus qu'aux années communes.

Dites les dates des quatre saisons.

L'hiver commence le 22 décembre et finit le 22 mars.

Le printemps commence le 22 mars et finit le 22 juin.

L'été commence le 22 juin et finit le 22 septembre.

L'automne commence le 22 septembre et finit le 22 décembre.

De sorte que l'on peut très-bien classer les mois de l'année comme il suit :

HIVER.	PRINTEMPS.	ÉTÉ.	AUTOMNE.
Janv. qui a 31 j.	*Avril* qui a 30 j.	*Juill.* qui a 31 j.	*Oct.* qui a 31 j.
Févr. 28 ou 29 j.	*Mai* — 31	*Août* — 31	*Nov.* — 30
Mars qui a 31 j.	*Juin* — 30	*Sept.* — 30	*Déc.* — 31

Qu'appelle-t-on siècle ?

Une suite de cent années se nomme siècle.

Qu'est-ce qu'une ère ?

Une ère est l'époque principale, la date la plus remarquable d'un peuple ou de plusieurs nations professant la même religion. C'est d'elle que ces peuples ou ces nations commencent à dater leurs années.

L'ère chrétienne est celle de presque tous les peuples d'Europe; elle tient son nom de la naissance de J.-C., l'an 4004 du monde, et compte autant d'années que l'indique le millésime de celle où nous vivons.

EXERCICES A FAIRE DE MÉMOIRE.

1. Combien y a-t-il de jours dans chaque saison ?
2. ——————— d'heures dans une semaine ?
3. ——————— d'heures dans un mois ?
4. ——————— de minutes dans un jour ?
5. ——————— de semaines dans trois ans ?
6 ——————— de mois dans un siècle ?

7. Un homme gagne 2 fr. par jour, combien gagne-t-il par mois, — par trimestre ?

8. Un ouvrier fait 4 m. 50 de toile par jour, combien en fait-il par semaine ? (*On ne travaille pas le dimanche*) Combien ferait-il de toile par an ?

9. Un enfant gagne 10 fr. par semaine, combien gagnerait-il par mois, — par an ?

10. Un employé a 1800 fr. par an, combien gagne-t-il par mois, — par jour ?

LVIIIe LEÇON.

Conversion des nombres complexes de temps en nombres décimaux et réciproquement.

Les multiples et les sous-multiples du jour n'étant pas décimaux, le calcul sur les nombres qui ont rapport au temps demanderait une étude particulière très-longue, qu'il est facile d'éviter au moyen des conversions.

Ces conversions n'ont rien de contraire aux principes établis pour les subdivisions du temps, puisqu'elles ne sont indiquées que comme *moyen* de simplifier les calculs, et d'arriver plus promptement au même résultat que donneraient les vieux et longs procédés.

Ne peut-on pas ramener les calculs sur les nombres de temps à des calculs décimaux ordinaires ?

Oui, on peut ramener les calculs qui ont rapport au temps aux calculs décimaux ordinaires, *en convertissant les unités d'ordre inférieur en fractions décimales de l'ordre immédiatement supérieur.* Par exemple, si le nombre 3 ans, 7 mois, 19 jours, était donné dans un problème, on convertirait les mois et les jours en fraction décimale de l'année.

Comment fait-on pour convertir des mois en fraction décimale de l'année ?

Pour convertir les mois en fraction décimale de l'année, on divise le nombre de mois par 12, parce qu'une année vaut 12 mois. — Six mois font 0^a, 50, car en divisant 6 par 12 on trouve 0^a, 50 ; — sept mois font 0^a, 583, car en divisant 7 par 12 on trouve 0^a, 583.

Comment fait-on pour convertir des jours en fraction décimale de l'année ?

Pour convertir des jours en fraction décimale de l'année, on divise le nombre de jours par 365, parce que l'année renferme 365 jours. — Quatre-vingt-dix jours font 0^a, 241, car en divisant 90 par 365 on trouve 0^a, 241.

Et quand on a des mois et des jours, comment fait-on pour convertir le tout en fraction décimale de l'année ?

Quand on a des mois et des jours à transformer en fraction décimale de l'année, on convertit les mois en jours en les multipliant par 30 ; on ajoute au produit les jours donnés, et l'on divise le total par 365.

Ex. : Pour transformer 7 mois 19 jours en fraction décimale de l'année, je dirais : Sept fois 30 font 210 jours, et 19 jours $=$ 229 jours ; — je diviserais 229 par 365, et le quotient serait 0^a, 627 d'année.

On convertirait donc des jours en fraction décimale du mois, en divisant le nombre de jours par 30 ; — et des heures en fraction décimale du jour, en divisant le nombre d'heures par 24, si toutefois c'est d'un jour entier qu'on cherche les parties décimales.

S'il s'agissait de journées d'ouvrier, on diviserait par le nombre d'heures que l'ouvrier doit par jour, selon les conditions faites entre lui et le patron : 12 heures ordinairement.

5*

Comment fait-on pour transformer une fraction décimale de l'année en mois, jours et heures ?

Puisque c'est ici la question absolument opposée à la précédente, on se sert de l'opération contraire à la division, c'est-à-dire de la multiplication.

Ainsi, pour transformer 0^a, 35 d'année en mois et jours, en multiplie 0^a, 35 par 12 ; le produit est 4^m, 20 ; — on multiplie ensuite 0^m, 20 par 30, et le produit 6 exprime des jours. — 0^a, 35 d'année valent donc 4 mois et 6 jours.

PROBLÈMES.

1. Transformez 9 mois en parties décimales de l'année.
2. Transformez 217 jours en parties décimales de l'année.
3. Transformez 23 jours en parties décimales du mois.
4. Transformez 15 heures en parties décimales du jour.
5. Transformez 53 minutes en parties décimales de l'heure.
6. Transformez 7 m. 29 j. en parties décimales de l'année.
7. Transformez 14 j. 13 h. en parties décim. du mois.
8. Combien y a-t-il de mois, jours et heures, dans 0^m, 759 d'année ?
9. Combien de jours et d'heures dans 0,875 de mois ?
10. Combien d'heures et de minutes dans 0,470 de jour ?

LIXᵉ LEÇON.

Division de la circonférence de cercle.

Qu'appelle-t-on circonférence de cercle ?

La circonférence est une ligne courbe fermée, dont tous les points sont également éloignés d'un point intérieur appelé *centre*. (*Voir à la fin du volume.*)

Le *cercle* est l'espace compris dans la circonférence.

Comment se divise toute circonférence de cercle ?

Toute circonférence, grande ou petite, se divise en 360 parties égales, qu'on appelle *degrés*.

Le degré, qui est la 360ᵉ partie de la circonférence, se subdivise en 60 *minutes*; la minute en 60 *secondes*; la seconde en 60 *tierces*.

N'y a-t-il pas des signes abréviatifs du degré et de ses subdivisions ?

Oui, les degrés s'indiquent par un petit zéro à droite du nombre (°); la minute par un accent (′); la seconde par deux accents (″); et la tierce par trois (‴).

Ex. : 24° 53′ 49″ 17‴.

N'y a-t-il pas une autre division usitée de la circonférence ?

La division que nous venons d'exposer se nomme *duodécimale*, parce qu'elle a pour base le nombre 12, renfermé un nombre exact de fois dans 60 et dans 360.

Mais il se fait encore une division *décimale*, qui est beaucoup moins usitée.

Par elle, la circonférence se divise en 400 parties égales appelées *grades*; le grade en 100 *minutes*, et la minute en 100 secondes.

Quel usage fait-on de la circonférence divisée ?

La circonférence divisée en degrés, minutes et secondes, sert généralement à mesurer les angles. Les astronomes, les géographes, les géomètres, les arpenteurs, en font un continuel usage; et les instruments les plus vulgaires qu'ils emploient avec la circonférence divisée sont la *boussole* et le *graphomètre*.

Nous ne nous étendrons pas davantage sur l'objet de cette leçon, qui n'offre pas d'utilité réelle aux élèves des écoles primaires.

Nous l'avons donnée afin d'être plus complet dans l'exposé des *nombres complexes, toujours usités.*

TROISIÈME PARTIE.

PREMIÈRE LEÇON.

**Premières notions sur les fractions anciennes ou ordinaires,
indispensables pour l'étude des règles de trois, etc.**

Qu'est-ce qu'une fraction ancienne ou ordinaire ?

On appelle fraction ancienne, ordinaire ou à deux termes, une partie ou plusieurs parties égales de l'unité, représentées par deux nombres placés sur l'autre et séparés par un petit trait. *Ex.* : $\frac{2}{3}$ $\frac{5}{9}$ $\frac{4}{7}$ $\frac{13}{24}$.

Le nombre supérieur se nomme *numérateur* de la fraction, et le nombre inférieur se nomme *dénominateur*.

Comment lit-on une fraction ancienne ?

On lit d'abord le numérateur, ensuite le dénominateur en y ajoutant la terminaison *ième*. *Ex.* : Je dirais quatre sept*ièmes* pour la fraction $\frac{4}{7}$; huit treiz*ièmes* pour la fraction $\frac{8}{13}$.

Cependant, lorsque le dénominateur est l'un des chiffres 2 — 3 — 4, on ne dit pas deux*ième*, trois*ième*, qua*trième*; mais l'on dit *demi, tiers, quart*.

Quelle est la fonction de chacun de ces nombres ?

Le *dénominateur* indique en combien de parties égales on a partagé l'unité à laquelle cette fraction se rapporte; — le *numérateur* indique combien on prend de ces parties.

Ex. : $\frac{25}{60}$ d'heure. — Ici le dénominateur 60 indique que l'heure est divisée en 60 parties égales (*des minutes*); et le numérateur 25 fait voir que l'on prend 25 de ces parties (25 *minutes*).

Quand je dis $\frac{3}{4}$ d'une orange, je suppose que l'orange est coupée en quatre parties et que j'en prends trois.

Fait-on souvent usage des fractions anciennes ?

Non, on ne fait plus guère usage des fractions anciennes; elles sont à peu près inutiles dans les choses ordinaires de la vie, depuis l'invention du système métrique.

Cependant, la moitié, le tiers et le quart d'une chose étant faciles à trouver, et ces expressions laissant à l'esprit une idée claire et facile à retenir, on se sert encore des fractions $\frac{1}{2}$ $\frac{1}{3}$ $\frac{1}{4}$ $\frac{2}{3}$ $\frac{3}{4}$.

Nota. On peut donc se dispenser d'étudier les opérations relatives à ces sortes de quantités, et se borner, quand il s'en présente, à les convertir en fractions décimales, pour n'avoir à opérer que sur des nombres usuels. Quelquefois la conversion ne donne pas un résultat parfaitement équivalent à la fraction ancienne; mais la différence est trop petite pour qu'on s'y arrête.

Néanmoins, nous conseillons aux maîtres l'enseignement des fractions anciennes, comme exercice d'intelligence, ne fût-ce qu'après l'étude entière de notre petit traité; et pour ce motif nous en renvoyons l'exposé à la fin, sous le titre de *Premier Appendice*.

Comment fait-on pour convertir une fraction ancienne en une fraction décimale équivalente ?

Pour convertir une fraction ancienne en une fraction décimale équivalente, on divise le numérateur par le dénominateur.

En effet, le numérateur d'une fraction peut toujours être considéré comme le reste d'une division dont le diviseur serait le dénominateur Or, nous savons que, pour avoir la valeur décimale d'un reste de division, on poursuit l'opération en ajoutant des zéros à ce reste.

Que doit-on faire quand on trouve toujours le même chiffre au quotient ?

Quand, dans la recherche d'une fraction décimale

équivalente à une fraction ancienne, on trouve toujours le même chiffre au quotient, on peut, si ce chiffre est égal à 5 ou plus grand que 5, augmenter le 2e ou le 3e chiffre d'une unité de son ordre; cela se fait, d'une part, pour abréger le calcul, et de l'autre pour diminuer l'erreur qui résulterait si l'on s'arrêtait tout simplement au 3e chiffre, sans l'augmenter.

Ainsi, en cherchant l'équivalent de $\frac{2}{3}$ on trouve 0,66666..... — Si l'on s'arrêtait à 0,666, l'erreur serait nécessairement de 66 cent millièmes, ou de 666 millionièmes, etc., en moins. En ajoutant 1 *millième*, on a 0,667; l'erreur n'est plus alors que de 33 *cent millièmes* ou 333 *millionièmes*, etc., en plus.

Ce changement peut se faire ordinairement dès le 2e chiffre.

EXERCICES.

1. Convertissez en fractions décimales équivalentes les fractions anciennes $\frac{5}{8}$, $\frac{4}{7}$, $\frac{3}{5}$, $\frac{8}{9}$, $\frac{11}{13}$.

2. Additionnez les fractions $\frac{3}{7}$, $+\frac{4}{9}$, $+\frac{5}{6}$.

3. Retranchez 329 $\frac{5}{8}$ de 407 $\frac{3}{5}$.   530 $\frac{3}{4}$ de 700 $\frac{8}{9}$.

4. Multipliez 79 $\frac{5}{7}$ par 8 $\frac{4}{9}$.   872 $\frac{4}{5}$ par la somme des fractions $\frac{3}{7}+\frac{8}{11}+\frac{5}{6}$.

5. Divisez $\frac{14}{19}$ par $\frac{6}{20}$.   Le produit de $\frac{23}{47}\times\frac{15}{36}$ par 3 $\frac{4}{7}$.

IIe LEÇON.

Suite des notions sur les fractions anciennes.

Il y a dans l'étude des fractions anciennes des principes qu'il est utile de placer ici pour la facilité des calculs relatifs aux règles de trois.

Comment multiplie-t-on une fraction ancienne par 2, par 3, par un nombre entier quelconque ?

On multiplie une fraction ancienne par 2, par 3, en un

mot par un nombre entier quelconque, en multipliant son numérateur par ce nombre, sans toucher au dénominateur.

Ainsi, pour rendre la fraction $\frac{3}{7}$ cinq fois plus grande, je multiplie 3 par 5 sans toucher à 7, et j'ai :

$$\frac{3 \times 5}{7} = \frac{15}{7}$$

En effet, le numérateur indique le nombre de parties que l'on prend; 15 est le triple de 3; et puisque ce sont toujours des septièmes, le résultat est bien trois fois plus fort que $\frac{3}{7}$.

Comment divise-t-on une fraction ancienne par 2, par 3, par un entier quelconque ?

On divise une fraction ancienne par un entier, en multipliant le dénominateur par cet entier, sans toucher au numérateur.

Ainsi, pour rendre la fraction $\frac{3}{7}$ cinq fois moindre, c'est-à-dire pour la diviser par 5, je multiplie 7 par 5 sans toucher à 3, et j'ai :

$$\frac{3}{7 \times 5} = \frac{3}{35}$$

En effet, le dénominateur indique en combien de parties égales l'unité est partagée. Plus est grand ce nombre de parties, plus chaque partie est petite; un trente-cinquième $\left(\frac{1}{35}\right)$ est cinq fois plus petit que $\frac{1}{7}$; donc aussi la fraction $\frac{3}{35}$ est cinq fois moindre que $\frac{3}{7}$.

Que renferme une quantité mise sous forme de fraction, avec un numérateur plus grand que le dénominateur ?

Toute quantité mise sous forme de fraction, avec un numérateur plus grand que le dénominateur, renferme un entier ou plusieurs entiers.

Comment extrait-on les entiers renfermés dans une telle expression fractionnaire ?

Pour extraire les entiers d'une telle quantité fractionnaire, on divise le numérateur par le dénominateur.

Ainsi, pour extraire les entiers de $\frac{68}{7}$, je divise 68 par 7, et j'ai $9\frac{9}{7}$. — En effet, par la fonction même des deux termes d'une fraction, il est facile de comprendre que quand ils sont représentés par le même nombre, la quantité fractionnaire vaut l'unité. Donc, quand le numérateur est plus grand, la quantité fractionnaire renferme autant d'unités que le dénominateur est renfermé de fois dans le numérateur.

EXERCICES A FAIRE AVEC DÉMONSTRATION.

Nota. On devra indiquer les calculs au moyen des signes.

1. Multipliez $\frac{2}{9}$ par 7. $\frac{5}{6}$ par 8. $\frac{3}{6}$ par 6.
4. Multipliez $\frac{15}{23}$ par 72. $\frac{32}{40}$ par 19. $\frac{45}{57}$ par 38.
7. Divisez $\frac{3}{7}$ par 4. $\frac{4}{5}$ par 3. $\frac{8}{9}$ par 6.
10. Divisez $\frac{20}{33}$ par 41. $\frac{13}{19}$ par 23. $\frac{435}{870}$ par 54.
13. Trouvez les entiers compris dans $\frac{745}{30}$.
14. Convertissez $\frac{2648}{372}$ en entiers et décimales.
15. Ramenez $\frac{745689}{86400}$ de jour en heures, minutes et secondes.

IIIᵉ LEÇON.

Règle de trois.

Qu'est-ce qu'on appelle règle de trois?

On appelle règle de trois le procédé à suivre pour résoudre un problème dans lequel, *trois* nombres étant donnés, on en cherche un quatrième.

Ex. : 9 ouvriers ont fait 32 m. d'ouvrage, combien 25 en feraient-ils?

Quelquefois aussi le problème renferme plus de trois nombres ; mais alors on peut, par le raisonnement, les ramener tous à *trois* seulement.

Combien y a-t-il de sortes de règles de trois ?

Il y a deux sortes de règles de trois : la règle de *trois simple*, pour laquelle trois nombres seulement sont donnés ; et la règle de *trois composée*, pour laquelle il y a plus de trois nombres proposés.

De quoi dépend la valeur du nombre cherché, dans la règle de trois simple ?

Elle dépend de la valeur dés trois nombres connus, et du rapport qui existe entre les nombres donnés de la même espèce.

De quoi dépend la valeur du nombre cherché dans la règle de trois composée ?

Dans la règle de *trois composée*, le nombre cherché dépend de la valeur de plusieurs nombres et des différents rapports que ces nombres ont entre eux.

Les nombres proposés n'ont-ils pas des nombres particuliers ?

Les nombres donnés de la même espèce s'appellent les *quantités principales* ; le nombre inconnu ou cherché et le nombre connu de la même espèce s'appellent les *quantités relatives.*—Dans l'exemple ci-dessus, 9 et 25 *ouvriers* sont les quantités principales ; 32 m. et le résultat cherché sont les quantités relatives.

Combien y a-t-il de sortes de règles de trois simples ?

On divise la règle de trois simple en deux sortes : la règle de trois *directe*, et la règle de trois *inverse* ou *indirecte.*

La règle de trois directe est celle où les quantités relatives augmentent ou diminuent selon que leurs quantités principales augmentent ou diminuent aussi.

La règle de trois inverse est celle où les quantités relatives augmentent si leurs principales sont en diminuant, et diminuent si leurs principales sont en augmentant.

Ex. : 9 ouvriers ont fait 32 m., combien 25 ouvriers en feraient-ils ?

Les quantités principales 9 et 25 ouvriers vont en augmentant. Les quantités relatives seront dans le même rapport, car on aura plus de mètres, puisqu'il y a plus d'ouvriers ; c'est donc une règle de trois *directe*.

Mais si je dis : 9 ouvriers ont mis 32 jours à faire un ouvrage, combien 25 ouvriers mettraient-ils de jours ? Les quantités principales 9 et 25 sont en augmentant ; or, il y a plus d'ouvriers dans le second cas que dans le premier, et c'est le même ouvrage ; il faudra donc moins de temps à 25 ouvriers qu'à 9, les quantités relatives seront par conséquent en diminuant : voilà une règle de trois *inverse*.

IVᵉ LEÇON.

Solution des règles de trois simples par la méthode de l'unité.

Peut-on résoudre les règles de trois au moyen des quatre règles fondamentales ?

En ramenant toute question à ce que serait l'unité, on trouve et l'on exprime facilement par la combinaison raisonnée des quatre règles et des signes convenus tous les calculs à faire pour résoudre les règles de trois.

Il est essentiel de s'y habituer : cela offre le double avantage de former le raisonnement et de briser aux difficultés des problèmes.

Comment nomme-t-on la méthode au moyen de laquelle

on résout les règles de trois à l'aide des seules connaissances élémentaires ?

Cette méthode a reçu le nom de *méthode de l'unité.*

PREMIER EXEMPLE. (*Règle de trois directe.*)

Si 9 ouvriers ont fait 32 mètres d'ouvrage, combien 25 ouvriers en feraient-ils ?

D'abord, je dispose les nombres de manière que les deux de même espèce soient sur une même direction verticale, désignant par x le résultat cherché. Il faut donc savoir quelle espèce d'unité cet x représente ; ici ce sont évidemment des mètres. J'ai donc :

$$9 \text{ ouvriers } \textit{font} \quad 32 \text{ mètres ;}$$
$$25 \quad \text{id.} \quad \textit{feraient } x \quad \text{id.}$$

Raisonnement : Si 9 ouvriers font 32 m., 1 *ouvrier* en ferait 9 fois moins, c'est-à-dire la neuvième partie de 32.

J'indique ainsi cette division à faire $\dfrac{32}{9}$

Or, 25 ouvriers feraient vingt-cinq fois plus de mètres.

On rend une fraction 25 fois plus grande, en multipliant son numérateur par 25 ; j'aurai donc $\dfrac{32 \times 25}{9}$, pour toute formule des calculs à faire ; c'est-à-dire que le résultat x égale le quotient de la division par 9 de tout le produit de 32×25.

$$x = \frac{32 \times 25}{9} = 88^{\,m}\,89$$

DEUXIÈME EXEMPLE. *(Règle de trois inverse.)*

Si 9 ouvriers ont fait un travail en 32 jours, combien de jours 25 ouvriers mettraient-ils à faire ce même travail ?

$$9 \text{ ouvriers } \textit{mettent} \text{ 32 jours ;}$$
$$25 \quad \text{id.} \quad \textit{mettraient } x \quad \text{id.}$$

Raisonnement : Si 9 ouvriers font l'ouvrage en 32 jours, 1 *ouvrier* mettra neuf fois plus de jours, c'est-à-dire

$$32 \times 9.$$

Voilà ce qu'il faudrait de jours à *un* ouvrier.

25 ouvriers mettraient donc vingt-cinq fois moins de jours, ou

$$\frac{32 \times 9}{25}.$$

C'est-à-dire que le résultat demandé x égale le quotient de la division par 25 de tout le produit de 32 × 9.

$$x = \frac{32 \times 9}{25} \text{ 11 j. 52} = \text{11 jours 6 heures.}$$

Nous compterons toujours la journée d'ouvrier à 12 heures.

PROBLÈMES.

1. On fait 43 m. 59 d'ouvrage en 8 jours 7 heures, combien en ferait-on en 19 jours ?

2. Si pour parcourir 54 kil. de chemin il faut à un courrier 19 heures 3/4, combien lui faudrait-il pour 16 myr. 45 ?

3. 15 hommes font un ouvrage en 35 jours 9 heures, combien 24 hommes mettraient-ils de jours et d'heures ?

4. 15 hommes font un ouvrage en 35 jours 9 heures, combien faudrait-il d'hommes pour faire l'ouvrage en 5 jours seulement ?

5. Une fontaine fournit 93 litres d'eau en 7 heures, combien fournirait-elle en 16 heures 45 minutes ?

6. Si l'entretien de 74 soldats coûte 321 fr. 15, combien coûterait l'entretien de 218 soldats ?

7. 28 m. 75 de drap coûtent 319 fr. 40, combien aurait-on de drap pour 59 fr. 60 ?

8. Si pour 8 mois 2/3 de travail un employé reçoit 695 fr., combien recevrait-il pour une année entière ?

9. Un train parcourrait 857 kilom. en 19 heures. Combien parcourrait-il en 3 heures ?

10. Si une machine enlève 50,000 kilog. de pierres en 37 heures, en combien de jours de 12 heures enlèverait-elle 97,000 kilog. ?

11. S'il faut 230 ouvriers pour faire un travail en 45 jours, combien en faudrait-il pour le faire en 18 jours ?

12. Une machine enfonce un pieu à raison de 43 cent. par 24 h., combien de jours complets mettra-t-elle pour l'enfoncer de 3m, 75 ?

13. 7 hect. 50 de terre labourable coûtent 30650 fr., combien coûteraient 25 hect. ?

14. On estime à 35 hectolitres de vin le produit d'un hectare comprenant 10000 pieds de vigne. Quel serait le produit de 24750 pieds et quelle surface ce nombre suppose-t-il ?

15. 145 hect. de terre ayant donné 2320 hectolitres de froment et 2610 quintaux de paille, quelle superficie faudrait-il pour avoir 5700 hectol. de froment ; — 2° combien cette superficie produira-t-elle de paille ?

Ve LEÇON.

Règles de trois composées.

Qu'est-ce que la règle de trois composée?

La règle de trois composée est celle pour laquelle il y a plus de trois nombres proposés, mais que l'on peut ramener par le raisonnement à trois nombres seulement. —On l'appelle *composée*, parce qu'elle est, en effet, composée de divers rapports de la combinaison desquels le résultat dépend.

Elle peut se résoudre par deux procédés différents.

PREMIER PROCÉDÉ.

Ex. : *6 ouvriers travaillant pendant 7 jours, à 8 heures par jour, ont fait 200 m. d'ouvrage ; — combien 4 ouvriers travaillant pendant 5 jours, à 6 heures par jour, feraient-ils de mètres du même ouvrage ?*

Ce problème renferme sept nombres, et l'on en cherche un huitième qui soit avec 200 m. dans le même rapport qui existe entre 6 et 4 ouvriers, 7 et 5 jours, 8 et 6 heures.

J'écris d'abord les nombres de même espèce les uns sous les autres, avec x pour inconnu correspondant à 200 m.

6 ouvriers, 7 jours à 8 heures, 200m. ;
4 id. 5 id. 6 id. x.

Raisonnement : D'abord, 7 jours à 8 heures par jour font 56 *heures :* voilà deux nombres, 7 et 8, réduits à un seul, 56.

Secondement, 6 ouvriers travaillant pendant 56 heures produiraient autant qu'un seul ouvrier en six fois plus d'heures. — En multipliant 56 par 6, je réduirai donc ces deux nombres à un seul. — 336 *heures*.

Troisièmement, 5 jours à 6 heures par jour font 30 *heures*. — Enfin, 4 ouvriers travaillant pendant 30 heures produiraient autant qu'un seul ouvrier en quatre fois plus d'heures, ou 120 *heures*.

Ce problème sur la règle de trois composée est donc transformé en un problème sur la règle de trois simple, ainsi conçu :

En 336 heures on peut faire 200 mètres d'ouvrage, combien en ferait-on en 120 heures seulement ?

Réponse : 71^m, 42.

2e PROCÉDÉ.

Exemple : 6 *ouvriers, travaillant pendant 7 jours de 8 heures chacun, ont fait* 200 *mètres d'ouvrage; combien 4 ouvriers, travaillant 5 jours de 6 heures chacun, feraient-ils de mètres de même ouvrage?*

Pour résoudre ce problème, j'écris d'abord les nombres de même espèce les uns sous les autres, avec x pour inconnu correspondant à 200 mètres.

6 ouvriers, 7 jours de 8 heures, 200 m. ;
4 id. 5 id. de 6 id. x.

Raisonnement. Je néglige d'abord les jours et les heures ; c'est-à-dire que je les suppose les mêmes dans les deux données ; et, résolvant le problème de règle de trois simple que constituent les nombres d'ouvriers et de mètres, je dis :

Un ouvrier ferait la sixième partie de 200 m. (6 pour dénominateur)

$$\frac{200}{6} ;$$

4 ouvriers en feraient quatre fois plus (4 au numérateur)

$$\frac{200 \times 4}{6}$$

Maintenant je m'occupe des jours, et je dis :

Si telle est la quantité de mètres faite en 7 jours, en un jour cette quantité serait sept fois moindre (7 au dénominateur) $\dfrac{200 \times 4}{6 \times 7}$

En 8 jours elle serait cinq fois plus grande (5 au numérateur)

$$\frac{200 \times 4 \times 5}{5 \times 7}$$

Enfin je considère les heures, et je dis :

Si telle est la quantité de mètres faite en des jours de 8 heures, elle serait huit fois moindre si les jours n'étaient que d'une heure (8 au dénominateur) $\dfrac{200 \times 4 \times 5}{6 \times 7 \times 8}$;

Et les jours étant de 6 heures, la quantité serait définitivement 6 fois plus grande (6 au numérateur) $\dfrac{200 \times 4 \times 5 \times 6}{6 \times 7 \times 8}$;

Et cette formule indique tous les calculs à faire pour connaître la valeur de $x = \dfrac{200 \times 4 \times 5 \times 6}{6 \times 7 \times 8} = 71^{\text{m}} 42$.

PROBLÈMES A RÉSOUDRE PAR LES DEUX PROCÉDÉS.

1 9 ouvriers travaillant pendant 15 jours à 11 heures par jour ont fait 2000 m. d'ouvrage : combien 16 ouvriers feraient-ils *de mètres* pendant 19 jours de 12 heures chacun?

2. 9 ouvriers travaillant pendant 15 jours de 11 heures chacun ont fait 2000 m. d'ouvrage : combien faudrait-il *d'ouvriers* pour faire 165 m. du même ouvrage en 8 jours de 7 heures chacun?

3. 9 ouvr. travaillant pendant 15 j. de 11 heures ont fait 2000 m. d'ouvrage : comb. faudrait-il *de jours* à 30 ouvriers travaillant 12 heures par jour, pour faire 1500 m. du même ouvrage?

4. Pour payer 35 jours d'ouv. à 17 ouvriers, à raison de 1 fr. 75 par jour, il faut *telle* somme : comb. pourrait-on payer d'ouvriers aux mêmes conditions, pour 42 jours d'ouvrage, avec 2397 fr.?

5. 28 ouvriers maçons ont été employés pendant 34 jours de 9 heures chacun, pour bâtir un mur de 73 m. 15 de long, 3 m. 40 de haut et 0 m. 85 d'épaisseur : combien faudrait-il d'ouvriers travaillant pendant 25 jours de 10 heures chacun. pour bâtir un autre mur de 80 m. de long, 2m. 75 de haut et 0 m. 45 d'épaisseur?

6. 35 ouvr. ont été employés pendant 15 j. $\frac{1}{2}$, de 12 heures , pour construire un plancher de 43 m. 70 de long sur 14 m. 25 de

large ; quelle surface aurait un plancher qui exigerait le travail de 20 ouvr. pendant 23 jours $\frac{2}{3}$ de 11 heures chacun ?

7. Si, pour faire 800 m. de toile ayant 0 m. 75 de largeur, il a fallu 47 ouv. pendant 9 j. de 8 heures, comb. faudrait-il de jours à 35 ouvriers travaillant 10 heures par jour, pour faire 782 m. de toile de même qualité, mais ayant 0 m. 82 de largeur ?

VIᵉ LEÇON.

Règle de société ou de compagnie.

Qu'appelle-t-on règle de société ou de compagnie ?

La règle de *société* ou de *compagnie* est celle par laquelle on partage entre plusieurs associés le bénéfice ou la perte qui résulte de leur association ou *société*.

Quand plusieurs personnes veulent constituer une société ou compagnie de commerce, chacune d'elles apporte à la caisse commune la valeur dont elle peut disposer : c'est sa *mise*.

La somme que font toutes les mises particulières réunies se nomme *mise totale*. Le bénéfice ou la perte à partager entre tous se nomme *bénéfice* ou *gain total, ou perte totale*, ou encore *dividende*.

De quoi dépend la valeur de chaque bénéfice ou de chaque perte ?

Le bénéfice, comme la perte de chaque associé, dépend ordinairement : 1° *de la valeur de la mise* ; 2° *du nombre des associés* ; 3° *du temps pendant lequel chaque mise reste placée* ; 4° enfin *de la valeur du bénéfice total ou de la perte totale*.

Le raisonnement qui conduit à la solution de tout problème sur la règle de société est très-simple ; — les deux exemples suivants suffiront pour rendre faciles tous ceux qui y ont rapport.

PREMIER EXEMPLE.

*3 personnes se réunissent pour une entreprise commerciale:
la 1re met 700 fr. ; — la 2e met 800 fr. ; — la 3e met 900 fr.
— L'entreprise produit un bénéfice net de 360 fr. : quel est
le gain de chacun ?*

Je dispose ainsi les nombres :

$$\left.\begin{array}{l} 700 \text{ fr.} \\ 800 \\ 900 \end{array}\right\} \quad 360 \text{ fr.}$$

Raisonnement : Les 360 fr. de bénéfice proviennent de la somme
des mises 700 fr. $\times$ 800 fr. $\times$ 900 fr. $=$ 2400 fr. — Si 2400 fr. produisent 360 fr., un franc produit 2400 fois moins, c'est-à-dire le quotient de 360 fr. par 2400 fr. $=$ 0 fr. 15. — Un franc ayant donné un
bénéfice de 0 fr. 15, les 700 fr. de la 1re personne donneront 700 fois
plus, ou 0 fr. 15 $\times$ 700 $=$ 105 fr. ; — les 800 fr. de la 2e donneront
0 fr. 15 $\times$ 800 $=$ 120 fr. ; — les 900 fr. de la 3e personne, 0 fr. 15 $\times$
900 $=$ 135 fr. — En additionnant ces trois gains, on doit retrouver le
bénéfice total : c'est la manière de faire la preuve. — 105 $+$ 120 $+$
135 $=$ 360 fr.

DEUXIÈME EXEMPLE.

*Trois marchands se sont réunis en société pour un com-
merce ; le 1er a mis 3700 fr. et les a laissés pendant 2 ans ; —
le 2e a mis 5000 fr. et les a laissés pendant 3 ans ; — le 3e a
mis 5300 fr. et les a laissés pendant 4 ans. — A la cessation
du commerce, on a reconnu un bénéfice total de 3052 fr. ;
— quelle en sera la part pour chacun ?*

On dispose les nombres de cette manière :

$$\left.\begin{array}{ll} 3700 \text{ fr.} & -2 \text{ ans} \\ 5000 & -3 \text{ id.} \\ 5300 & -4 \text{ id.} \end{array}\right\} \quad 3052 \text{ fr.}$$

Raisonnement : 3700 fr. laissés dans le commerce pendant 2 ans
ont produit autant que 2 fois 3700 fr., ou 7400 fr. laissés pendant un
an seulement ;

5000 fr. laissés dans le commerce pendant 3 ans ont produit autant
que 3 fois 5000 fr., ou 15000 fr., laissés pendant un an seulement ;

5300 fr. laissés dans le commerce pendant 4 ans ont produit autant que 4 fois 5300 fr., ou 21200 fr. laissés pendant un an seulement.

Les nombres disposés comme ci-dessus avec le signe × entre eux représentent les calculs :

$$3700 \times 2 = 7400 \text{ fr.}$$
$$5000 \times 3 = 15000 \quad\Big\} \quad \text{bénéfice total, 3052 fr.}$$
$$5300 \times 4 = 21200$$
$$\overline{43600 \text{ fr.}}$$

Voilà le second cas ramené au premier : les 3052 fr. de bénéfice proviennent du total des mises 7400 fr. + 15000 fr. + 21200 fr. = 43600 fr. — Le bénéfice d'un franc est donc égal au quotient de 3052 par 43600, c'est-à-dire à 0 fr. 07 ; par conséquent,

celui du premier associé est 0 f. 07 × 7400 = 518 fr.
celui du deuxième associé est 0, 07 × 15000 = 1050
celui du troisième associé est 0, 07 × 20201 = 1484

$$\textit{Preuve} = 3052 \text{ fr.}$$

PROBLÈMES.

1. Quatre personnes s'associent : la 1re met à la caisse commune 2400 fr. ; — la 2e met 2700 fr. ; — la 3e met 3050 fr. ; — la 4e met 3500 fr. — Le bénéfice total à la fin de leur association est de 583 fr. : quelle sera la part de chacun ?

2. Trois marchands se réunissent en société ; le 1er met à la caisse 4000 fr., — le 2e met 4800 fr., — le 3e met une somme égale aux 2/3 de la première, plus la seconde. — Il résulte de leur entreprise une perte totale de 478 fr. 35 : quelle sera la part de chacun ?

3. Deux personnes ont entrepris en commun un travail qui leur rapporte 475 fr., sans exiger le moindre fonds. La première y a mis 59 journées, et la seconde 84 journées : quelle part chaque personne devra-t-elle prélever sur le fruit du travail ?

4. Le jour d'une fête nationale, on a distribué 647 litres de vin aux soldats composant cinq compagnies. — La 1re compagnie était de 120 hommes, — la 2e de 137, — la 4e autant que la 1re plus la moitié de la seconde, — et enfin la 5e de ce qui manquait à la somme des quatre autres pour faire 613 hommes : quelle quantité de vin chaque soldat a-t-il eue ?

5. Un arrondissement composé de cinq cantons doit fournir un

contingent de 214 hommes. Chaque canton fournit en raison de sa population ; celle du 1er est de 37015 âmes, — celle du 2e de 27507, — celle du 3e de 19328, — celle du 4e de 19215, — celle du 5e de 17519 : quel sera le contingent de chaque canton ?

6. Un propriétaire a trois maisons, pour lesquelles il paie 978 fr. de contributions. Si la 1re maison vaut 15000 fr., — la 2e 27400 fr., — et la 3e 32500 fr., quel est l'impôt établi sur chacune ?

7. Trois associés ont versé dans la caisse commune les sommes suivantes : le 1er 2500 fr. pour 1 an 7 mois ; le 2e 4700 fr. pour 2 ans 5 mois ; le 3e 5200 fr. pour 15 mois. — Ils ont éprouvé une perte totale de 589 fr., quelle en sera la part pour chacun ?

8. Une personne a commencé le 3 mai 1841 un commerce avec une somme de 6459 fr. — le 13 juillet, elle a accepté comme associée une personne qui lui a remis 5000 fr., — et le 15 mars 1842 un autre associé pour 4500 fr. — Ils ont clos leurs comptes et leur commerce le 1er août 1844, et ont reconnu un bénéfice total de 7645 fr., quelle en sera la part pour chacun ?

9. Un commerçant malheureux dans ses entreprises fait faillite et doit, à trois autres commerçants, au 1er 2435 fr. depuis 15 mois, — au 2e 1897 fr. depuis un an, — et au 3e 1595 fr. depuis un an et demi. — La vente de ce qu'il possède ne produit que 4000 fr. On demande : 1° la somme que chaque créancier pourra recevoir, en raison de sa créance et du temps ? 2° ce que chacun d'eux perdra.

VIIe LEÇON,

Règle d'intérêt.

Qu'est-ce que l'intérêt d'une somme d'argent ou d'une valeur quelconque.

L'intérêt d'une somme d'argent ou d'une valeur en marchandise, etc., etc., est le bénéfice que l'on retire de cette somme en la prêtant, ou de la marchandise en la revendant.

L'argent placé se nomme *capital*, l'intérêt convenu pour cent francs par an se nomme le *taux*. — Ainsi, si je prête à Jean 500 fr. à 5 p. 0/0 par an, je retirerai un bénéfice de 25 fr. au bout de l'année; — 500 fr., voilà le capital; — 5 fr., voilà le taux; — 25 fr., voilà l'intérêt.

Combien y a-t-il de sortes d'intérêts ?

Il y a deux sortes d'intérêts : l'intérêt *simple* et l'intérêt *composé.*

Expliquez la différence qu'il y a entre ces deux sortes d'intérêts.

L'intérêt *simple* est celui qui provient toujours d'un même capital. S'il résulte d'une somme prêtée, il se paie tous les ans au prêteur.

L'intérêt *composé* est celui qui provient du capital *augmenté de ses intérêts* après chaque année de placement.

Dans ce cas, le prêteur ne perçoit pas l'intérêt annuel, cet intérêt venant grossir annuellement la somme qu'il a prêtée pour produire intérêt avec elle.

Ainsi, quand je prête à Jean 500 fr. pour deux ans; si à la fin de la première année il m'en paie l'intérêt 25 fr., à la fin de la seconde année il ne me devra encore que le même intérêt, 25 fr. : voilà un intérêt *simple.*

Mais, si au lieu de payer le premier intérêt il le garde, ce sera comme si je le lui prêtais; cet intérêt deviendra un nouveau capital qui produira son intérêt avec les 500 fr. prêtés, et le bénéfice qui résultera de cette augmentation sera un intérêt *composé.*

Que veut dire prêter au denier vingt, au denier trente?

Par ces expressions, au *denier vingt,* au *denier trente,* on entend que 20 francs ou 30 francs produisent 1 franc d'intérêt.

Nota. Le taux pour cent s'écrit ainsi : 5 p. 0/0 — 6 p. 0/0 — 3, 50 p. 0/0, etc. — L'intérêt légal pour les particuliers est de 4 1/2 p. 0/0 par an, et dans le commerce c'est de 5 et de 6 p. 0/0. — On est coupable dès lorsqu'on dépasse ces derniers taux, que la loi a fixés.

VIIIe LEÇON.

Combien de questions différentes peut-on proposer sur la règle d'intérêt ?

On peut proposer cinq questions différentes sur la règle d'intérêt :

1° *Trouver l'intérêt simple,* connaissant le capital, le taux et le temps ;

2° *Trouver les intérêts composés,* connaissant le capital, le taux et le temps ;

3° *Trouver le temps,* connaissant le capital, l'intérêt et le taux ;

4° *Trouver le taux,* connaissant le capital, l'intérêt et le temps ;

5° *Trouver le capital,* connaissant l'intérêt, le taux et le temps.

Qu'est-ce que la règle d'intérêt ?

La règle d'intérêt est celle qui sert à faire résoudre toutes les questions ayant rapport à l'intérêt de l'argent.

Comment calcule-t-on l'intérêt simple d'un capital ?

Si le capital est placé pour un an, on en calcule l'intérêt simple, en le divisant par 100 et multipliant le résultat par le taux.

Si le capital est placé pour quelques mois seulement, on cherche à combien revient le taux pour un mois, en divisant ce taux par 12 ; on multiplie le quotient par le nombre de mois, et l'on se sert du produit (*qui est le taux pour le nombre de mois proposé*) pour faire comme dans le premier cas

Nota. Les raisonnements sont les mêmes que pour la règle de trois simple et la règle de trois composée. Nous laissons donc aux maîtres le soin de les faire trouver.

PROBLÈMES.

Nota. Faire bien voir à l'élève que les problèmes sur l'intérêt ne sont que de nouveaux problèmes sur la règle de trois.

1. Quel est l'intérêt de 5400 fr. placés à 5 p. 0/0, pendant un an?

2. Quel est l'intérêt simple de 875 fr. placés à 4,50 p. 0/0, pendant 7 mois?

3. J'ai prêté 580 fr. le 15 mai, on me les a rendus le 31 décembre avec l'intérêt à 3,75 p. 0/0 par an : quel est cet intérêt?

4. Combien me rapportera une somme de 3570 fr. placée à raison de 4,50 p. 0/0 le 17 avril et retirée le 29 octobre suivant?

5. J'ai acheté 9 pièces de toile, chacune de 89 m. En les revendant, je me contenterai d'un bénéfice de 4,25 p. 0/0. Si je les ai payées à raison de 2 fr. 13 le mètre, on demande : 1° le bénéfice total, — 2° combien je revendrai le mètre?

6. On achète un bien de 30000 fr., à rente viagère, d'une personne âgée de 65 ans. Si on lui sert ses rentes à 9 p. 0/0, quel en est le chiffre?

7. Un négociant estime que ses bénéfices sur une rente annuelle de 27685 fr. représentent le taux de 7 3/4 p. 0/0 : quels sont-ils?

8. Sur un prêt de 8000 fr. au 4 1/2 p. 0/0 par an, je n'ai reçu pour l'intérêt d'un an que 273 fr., combien m'est-il encore dû?

9. Quel total d'intérêts simples me donnerait en 14 ans une somme de 754 fr. placée à 4 p. 0/0?

10. Un petit commerce produit net le 2 1/2 p. 0/0 par an. Si la valeur au prix d'achat des marchandises vendues est de 3500 fr., quel est le bénéfice moyen par mois?

IXe LEÇON.

Comment calcule-t-on les intérêts composés ?

Pour calculer les intérêts composés d'un capital, pour trois ans, par exemple, on cherche l'intérêt de la première année et on l'ajoute au capital ; — on cherche l'intérêt de la somme : c'est celui de la seconde année ; — on ajoute ce dernier au capital qui l'a produit et on calcule l'intérêt du total : c'est celui de la troisième année ; — enfin, on l'ajoute à son capital et de leur somme on retranche le capital primitif : le reste exprime la valeur des intérêts composés de trois ans,

Premier exemple. — Pour trouver les intérêts composés de 200 fr. placés pendant 3 ans à 5 p. 0/0 par an, je calcule l'intérêt de 200 fr., qui est de 10 fr. la première année ; — j'ajoute ce premier intérêt à 200 fr. ; — le capital de la seconde année devient donc 210 fr. ; — je calcule son intérêt, qui est de 10 fr. 50, et je l'ajoute au capital qui l'a produit : le total devient le capital pour la troisième année, c'est 220 fr. 50, dont je calcule l'intérêt *comme précédemment*, et je trouve 11 fr. 025 que j'ajoute à son capital. De la somme 231 fr. 525, je retranche enfin le capital primitif 200 fr. ; le reste 31 fr. 525 est l'intérêt composé des 200 fr. placés à 5 p. 0/0 par an pendant 3 ans.

Les intérêts simples, au même taux, n'eussent été que de 10 fr. par an ; soit un total de 30 fr. pour les 3 années. — La différence 1 fr. 52 provient de ce qu'on a capitalisé chaque intérêt annuel.

Deuxième exemple. — *Trouver les intérêts composés de 200 f. placés pendant 3 ans 7 mois, à 5 p. 0/0 par an.* — Je calcule, comme dans le premier exemple, l'intérêt composé pour les 3 années, et je trouve 31 fr. 52. C'est-à-dire qu'au bout de ce temps le capital est de 231 f. 52. Reste à trouver l'intérêt pour 7 *mois.*

Je cherche le taux pour ce temps, en divisant 5 par 12 et multipliant le quotient par 7. Ce taux est de 2 fr. 91.

Divisant par 100 le capital 231 fr. 52 et multipliant le résultat 231,52 par ce taux, j'ai, pour intérêts composés des 7 mois, 6 fr. 74.

Les intérêts demandés sont donc de 31 fr. 52 + 6 fr. 74 = 38 fr. 26.

Les intérêts simples eussent été : 1° de 10 fr. $\times$ 3 = 30 fr. ; 2° de 30 fr. + l'intérêt simple de 200 fr. pendant 7 mois, ou 5 fr. 82 ; total = 35 fr. 82.

La différence 2 fr. 44 provient de ce qu'on a capitalisé chaque intérêt annuel.

Nota. Une somme est doublée par les intérêts composés au bout de 14 années de placement à 5 p. 0/0. Elle se trouve quadruplée après 28 ans.

Au 4 p. 0/0, il faut 18 et 36 ans.

Au 3 p. 0/0, il faut 24 ans pour doubler.

PROBLÈMES.

1. Quels ont les intérêts d'une somme de 5400 fr. placée à 4 p. 0/0 par an, pendant 5 ans?

2. Combien une somme de 4950 fr. rapporterait-elle d'intérêts composés au bout de 4 ans 9 mois, à raison de 6 p. 0/0 par an?

3. Quelle valeur aurait une somme de 12500 fr., si elle restait placée à 5 p. 0/0 par an, pendant 6 ans 8 mois 17 jours?

4. Le 1er juin 1832, je plaçai 9700 fr. à raison de 4,50 p. 0/0 par an. — Le 15 septembre 1839, on m'a rendu mon capital et ses intérêts composés : quels sont ces intérêts?

5. Un marin a placé à la caisse d'épargne une somme de 1975 fr., le 17 août 1834. — De retour d'un long voyage, il a réclamé, le 19 mars 1840, les intérêts de cette somme : combien lui devait-on? Le taux de la caisse d'épargne est de 4 p. 0/0.

Xe LEÇON.

Comment trouve-t-on le temps pendant lequel une somme a été ou doit rester placée, connaissant le capital, l'intérêt simple et le taux ?

Pour trouver le temps pendant lequel une somme a été ou doit rester placée, connaissant le capital, l'intérêt simple et le taux, on divise le total des intérêts par l'intérêt annuel ; le quotient exprime le temps en années ou en mois, selon la valeur des nombres.

Si les intérêts énoncés dans la question étaient une somme d'intérêts composés, pourrait-on trouver le temps qui les a produits ?

Oui, lorsque l'on connaît un capital, le taux et les intérêts composés, on peut encore trouver le temps du placement ; mais alors le procédé est long et plus compliqué. Le voici :

1° Chercher l'intérêt simple, annuel, du capital donné ;

2° *Retrancher cet intérêt annuel de la somme donnée d'intérêts composés;*

3° *Ajouter l'intérêt annuel au capital primitif;*

4° *Chercher l'intérêt de ce nouveau capital, le retrancher
de ce qui reste de la somme des intérêts, et l'ajouter au nouveau capital pour en chercher les intérêts. — Continuer de
même jusqu'à ce qu'on ne puisse plus retrancher les intérêts
nouveaux de ce qui reste encore d'intérêts.* — Le nombre
d'années que le capital est resté ou devra rester placé est
égal au nombre de soustractions faites ;

5° *Enfin, s'il y a un petit reste de la somme donnée des
intérêts, on cherche les intérêts d'un jour du dernier capital, et on divise le reste d'intérêts par l'intérêt d'un jour : le
quotient exprime un nombre de jours.*

EXEMPLE.

Je place chez un banquier 13800 *fr. à* 5 *p.* 0/0 *par an,
et je conviens avec lui qu'il ne m'enverra mon capital que
quand il aura produit* 1423 *fr. d'intérêts composés. Quel
temps devrai-je attendre ?*

1° Je cherche l'intérêt simple de 13800 fr. pour un an = 690 fr. ;
2° Je retranche cet intérêt de première année de la somme des
intérêts, et je l'ajoute au capital proposé ;

$$1° \left\{ \begin{array}{r} 1423 \text{ fr.} \\ 690 \end{array} \right. \qquad 2° \left\{ \begin{array}{r} 13800 \text{ fr.} \\ 690 \end{array} \right.$$

Reste = 733 fr.   Total = 14490 fr.

3° Je cherche les intérêts de 14490, comme étant le capital de
seconde année = 724 fr. 50 ;

4° Je retranche ces intérêts de seconde année du reste des intérêts,
et je les ajoute au capital d'où ils viennent ;

$$1° \left\{ \begin{array}{rr} 733 \text{ f.} & » \\ 724 & 50 \end{array} \right. \qquad 2° \left\{ \begin{array}{rr} 14490 \text{ f.} & » \\ 724 & 50 \end{array} \right.$$

Reste = 8 f. 50   Total = 15214 f. 50

15214 fr. 50 composent le capital de la troisième année, puisqu'il y
a encore un petit reste d'intérêts : 8 fr. 50 ;

6*

5° Je cherche l'intérêt d'un jour en multipliant ce dernier capital par le taux d'un jour (*à raison de 5 p. 0/0 p. an*);

$$15214 \text{ fr. } 50 \times 0 \text{ fr. } 0139 = 2 \text{ fr. } 115;$$

Et enfin, je divise 8 fr. 50 par cet intérêt journalier 2 fr. 115. Le quotient est 4 jours 02.

Comme j'ai pu faire deux soustractions, l'intérêt demandé exige un placement de deux ans; de plus, les quatre jours et deux centièmes pour les 8 fr. 50.

Total du temps = 2 ans 4 jours.

PROBLÈMES.

2. Une somme de 4570 fr. a rapporté 197 fr. d'intérêt étant placée à 4 p. 0/0 par an; combien de temps est-elle restée placée?

2. Un riche propriétaire a placé 45300 francs le 25 août 1830; l'emprunteur étant mort peu de temps après, les héritiers ont rendu le capital et ses intérêts à 5 p. 0/0, qui étaient de 1796 fr. ; combien de mois le capital est-il resté placé : — quel jour a-t-il été rendu? (*Les mois sont tous comptés à 30 jours.*)

3. J'ai payé 9435 fr. d'intérêts composés à une personne qui m'avait prêté 25430 fr. au taux de 5 p 0/0 : — quel temps ai-je gardé le capital?

4. Un jeune homme a placé 350 fr. à la caisse d'épargne, qui paie les intérêts à raison de 4 p. 0/0 par an. Quel temps faut-il pour que ce capital soit doublé par ses intérêts composés?

5. Si mon oncle a placé 9575 fr., à 5 p. 0/0 par an, quand son capital sera-t-il triplé? — Il l'a placé le 20 janvier 1830.

XIᵉ LEÇON.

Comment trouve-t-on le taux auquel un capital a été placé, quand on connaît ce capital et l'intérêt annuel ?

Pour trouver le *taux* auquel une somme a été placée, connaissant le capital et l'intérêt annuel, *on cherche l'intérêt d'un franc et on le multiplie par* 100.

EXEMPLE.

A *quel taux est placée une somme de* 5000 *fr. qui donne* 225 *fr. d'intérêt par an ?*

5000 fr. produisant 225 fr. d'intérêt, 1 fr. produit 5000 fois moins, ou $\frac{225}{5000}$. Cent francs produisent donc cent fois plus, ou $\frac{225\times100}{5000} =$ 4 fr. 50.

Le taux demandé est donc 4 fr. 50 ou 4 1/2 p. 0/0.

Comment trouve-t-on le capital quand on connaît l'intérêt qu'il a produit, le taux et le temps ?

Pour trouver le *capital* quand on connaît l'intérêt, le taux et le temps, on cherche le capital qui a donné 1 fr. d'intérêt, et on multiple par l'intérêt annuel.

EXEMPLE.

Quel est le capital qui, placé à 5 p. 0/0 par an, a donné en un an 3600 fr. d'intérêt ?

5 fr. d'intérêt exigent un capital de 100 fr., donc 1 fr. d'intérêt exige un capital cinq fois moindre, ou $\frac{100}{5}$; et 3600 fr. d'intérêt exigeraient un capital 3600 fois plus grand ou $\frac{100\times3600}{5} =$ 72000 fr.

Le capital demandé est donc 72000 fr.

PROBLÈMES.

1. A quel taux a été placée une somme de 7500 fr. qui produit 225 fr. d'intérêt annuel?

2. Quel est le capital qui, placé à raison de 4 fr, 50 p. 0/0, produit 1372 fr. d'intérêt annuel?

3. Le loyer d'un appartement meublé est de 670 fr. par an. Si cet appartement a coûté 15000 fr., à quel taux en est l'intérêt?

4. Un champ me rapporte une valeur de 580 fr. par an; je calcule que c'est au taux de 3 fr. 75 p. 0/0 : — combien m'a-t-il donc coûté ?

5. Si je paie 508 fr. de contributions pour un bien qui me coûte 25400 fr., à quel taux sont les contributions?

6. Si les contributions étaient au taux de 1 fr. 75 p. 0/0 par an, M. B*** paierait 1948 fr. par an pour toutes ses propriétés : — quelle est la valeur de son capital?

7. Un marchand de toile en a acheté 8000 m. pour 10574 fr. 90. A quel taux p. 0/0 doit-il borner son bénéfice, pour ne gagner que 0 fr. 19 par mètre?

8. Quelle valeur en marchandise devrait-on posséder pour retirer 4380 fr. de bénéfice dans une vente générale, si l'on se contentait du taux de 3 fr. 50 p. 0/0 ?

9. Un vieillard vend son bien, d'une valeur de 12500 fr., pour une rente viagère de 1050 fr. par an, à quel taux a-t-il vendu ?

10. On achète une propriété de 2500 fr. d'un revenu annuel de 1750 fr., mais elle est grevée d'une hypothèque pour service d'une rente viagère de 575 fr. représentant un capital de 1150 fr. On demande 1° à quel taux sont placés les 25000 fr. tant que la rente viagère subsistera ; — 2° à quel taux on sert cette rente ; — 3° à quel taux seront placés les 25000 fr., cette rente éteinte.

XIIe LEÇON.

Des fonds publics et des rentes sur l'État.

(Suite à la règle d'intérêt.)

Qu'est-ce que les fonds publics ?

On appelle *fonds publics* les sommes que les particuliers prêtent à l'État, au gouvernement. Il y en a de deux espèces : le 4 1/2 p. 0/0 et le 3 p. 0/0.

Qu'appelle-t-on rentes sur l'État ?

On appelle *rentes sur l'État* les intérêts que perçoivent les particuliers pour les sommes prêtées par eux au gouvernement. Le gouvernement les leur paie par semestre : le 22 mars et le 22 septembre de chaque année.

Ces rentes constituent la *dette publique*.

De quoi se compose la dette publique en France, ou encore combien l'État paie-t-il de sortes de rentes ?

La dette publique se compose en France de quatre sortes de rentes : 1° *des rentes perpétuelles* 3, 4 et 4 1/2 p. 0/0 ; — 2° *des rentes viagères* et des pensions, qui s'éteignent par le décès des titulaires ; — 3° *des cautionnements* versés au trésor public par une certaine catégorie de fonctionnaires, et dont l'État paie les intérêts ; — 4° de la *dette flottante*, qui comprend les emprunts temporaires auxquels le trésor a recours.

L'État emprunte-t-il l'argent des particuliers toujours au même taux ?

Non; ce taux augmente ou diminue en raison des circonstances politiques où le pays se trouve au moment des emprunts. Plus la paix est assurée, plus les fonds des prêteurs abondent, parce qu'ayant confiance dans le présent et l'avenir, les particuliers se livrent plus hardiment aux spéculations. Alors aussi l'Etat paie un taux moindre. Si au contraire la sécurité est menacée, les fonds deviennent rares, et l'État offre des taux souvent considérables aux prêteurs.

Comment obtient-on des rentes sur l'État ?

On les achète, comme une propriété ordinaire, dans une vente publique, et le plus offrant les obtient. Ces opérations se font à la Bourse, à Paris.

Ainsi, supposons que l'on mette 4 1/2 p. 0/0 à 97 fr. 60; si un acheteur en offre 97 fr. 65 et que l'enchère se ferme sur son offre, il obtient l'inscription à ce chiffre, qui devient le *cours* de la rente pour ce jour-là ; c'est-à-dire qu'il lui sera dû annuellement par l'État autant de fois 4 1/2 francs de rente ou d'intérêt qu'il prêtera de fois 97 fr. 65.

Si le 4 1/2 p. 0/0 est à 107, cela veut dire qu'en prêtant 107 fr. à l'État, on serait son créancier d'une rente annuelle de 4 fr. 50, soit de 9 fr., de 13 fr. 50, de 18 fr. pour 2 fois, 3 fois, 4 fois 107 fr.

Quelles questions peuvent offrir les rentes sur l'État ?

Les rentes sur l'État peuvent offrir ces diverses questions, qui dépendent toutes de la règle d'intérêt :

1° *Trouver à quel taux on place, le cours étant donné ?*

2° *Trouver quelle rente produira tel capital, le cours étant donné ?*

3° *Trouver quel capital il faudrait débourser pour obtenir un titre de rente de telle valeur, le cours étant donné ?*

Problème sur la 1re *question.* — Le 3 p. 0/0 étant à 79 fr., à quel taux serait placé l'argent?

Si 79 fr. donnent 3 fr., un capital de 1 fr. donnerait $\frac{3}{79}$ 100 fr. donneraient $\frac{3 \times 100}{79} = 3$ fr. 80.

Problème sur la 2e *question.* — Combien achèterait-on de rentes 4 1/2 p. 0/0, au cours de 109 fr. 15, pour 30000 ?

Si pour 109 fr. 15 on a 4 fr. 50 de rente, pour 1 fr on aurait $\frac{4,50}{109,15}$; pour 30000 fr. on aurait donc $\frac{4,50 \times 30000}{109,15} = 1236$ fr. 83.

Problème sur la 3e *question.* — Combien paierait-on 4000 fr. de rentes 3 p. 0/0 au cours de 62 fr. 50 ?

Si 3 fr. se paient 62 fr. 50, 1 fr. se paierait $\frac{62 f. 50}{3}$; et 4000 fr. de rentes se paieraient $\frac{62,50 \times 4000}{3} = 8333$ fr. 33.

PROBLÈMES.

1. A quel taux réel place-t-on son argent quand on achète du 4 1/2 p. 0/0 au cours de 113 fr. 25 ?

2. Quelle somme retirerais-je de la vente d'une inscription de 7000 fr. de rente 3 p. 0/0 au cours de 83 fr. 75 ?

3. Quel est le fonds le plus avantageux du 3 p. 0/0 à 83 fr. 75 ; ou du 4 1/2 p. 0/0 à 118 fr. ?

4. Combien me coûteraient 2800 fr. de rente 4 1/2 p. 0/0 à 117 fr. 15 ?

5. J'ai acheté 6500 fr. de rente 3 p. 0/0 à 64 fr. ; si je les revends à 72 fr. 30, combien gagnerai-je ?

6. Combien peut-on acheter de 3 p. 0/0 à 80, pour 60000 ?

7. Le 3 p. 0/0 est à 78, et le 4 1/2 à 112 ; lequel est le plus cher?

8. Quel est le taux d'un emprunt 4 1/2 p. 0/0, négocié à 93 fr.?

9. A quel taux réel est placée une somme versée pour du 3 p. 0/0 à 70,50?

10. Si le 4 1/2 p. 0/0 est à 95,80, quel serait le cours correspondant du 3 p. 0/0 ?

XIIIᵉ LEÇON.

Règle d'escompte.

Qu'entend-on par escompte ?

L'escompte est la diminution que l'on fait sur la valeur d'un billet, ou d'une dette en général, que l'on solde avant l'époque marquée ou convenue.

Par exemple, si j'ai un billet de 100 francs sur telle personne, payable dans six mois *avec intérêt de 5 p. 0/0 par an*, et que je désire en recevoir maintenant le montant, je perdrai 2 fr. 50 : c'est l'escompte, que l'on retranchera de la valeur de ma créance, et je ne recevrai que 97 fr. 50.

A quoi est égal l'escompte d'un billet ?

L'escompte est égal à l'intérêt que produirait la somme marquée au billet, depuis le premier jour du placement jusqu'à son échéance. De sorte que la recherche de l'escompte n'est autre chose que celle de l'intérêt ; l'un et l'autre se calculent de la même manière ; il y a cette différence que l'intérêt doit être ajouté au capital, tandis que l'escompte doit en être retranché.

L'escompte se calcule-t-il toujours de la même manière?

Oui, partout en France on calcule ordinairement l'escompte de la même manière.

Cependant on connaît deux sortes d'escomptes : l'escompte en *dehors*, c'est celui que nous avons expliqué plus haut, — et l'escompte en *dedans*, dont on ne se sert guère que dans les pays étrangers.

Comment calcule-t-on l'escompte en dedans?

Pour calculer l'escompte en dedans, il faut :

1º Ajouter à 100 fr. son taux annuel, ou une valeur

proportionnelle à ce taux, si le temps marqué est de plus ou moins d'un an. — Le total exprime la valeur de 100 fr. à l'époque du paiement.

2° Chercher la valeur actuelle d'un franc, en divisant 100 par 100 $+$ son taux.

3° Multiplier la valeur trouvée du franc escompté, par le capital à escompter. — Le résultat exprime la valeur actuelle du capital ; on doit le retrancher de sa valeur primitive, et le reste exprime l'escompte en *dedans*.

Il est donc évident que pour calculer l'escompte en dedans on suppose que la somme portée au billet est formée du capital et de l'intérêt de ce capital, jusqu'au jour de l'échéance.

Nota. Il est bon d'avoir sur l'escompte en dedans l'idée que nous venons d'en donner ; mais il est à peu près inutile de s'en occuper plus longtemps, puisqu'il n'est point usité en France.

Les problèmes sur la XIIIe leçon n'auront rapport qu'à l'escompte en dehors. Le maître pourra cependant les proposer à résoudre pour l'escompte en dedans.

PROBLÈMES.

1. Quel serait l'escompte à 4 fr. 50 p. 0/0 par an, sur une somme de 1570 fr. payable dans un an, et dont je voudrais être soldé aujourd'hui ?

2. Un billet de 2000 fr. daté du 1er septembre 1853 était payable au 1er septembre 1854 ; si je désirais en être payé le 1er mars 1854 moyennant un escompte de 5 p. 0/0 par an, à combien se réduirait mon capital ?

3. Quel escompte calculé à 6 p. 0/0 par an devrait-on prélever aujourd'hui sur 3580 fr. payables dans 9 mois seulement ?

4. A quoi se réduirait aujourd'hui une valeur de 13000 fr. payable dans 1 an 7 mois 19 jours seulement, si l'on prélevait l'escompte à raison de 4 fr. 50 p. 0/0 par an ?

5. A quel taux serait l'escompte de 7450 fr. si pour 15 mois il a été de 558 fr. 70 ?

6. De quel temps faudrait-il devancer l'époque d'un paiement de

4780 fr. pour en retrancher un escompte de 895 fr., au taux de 5 fr. 50 p. 0/0 par an ?

7. Quel est le capital sur lequel on a fait un escompte de 435 fr. au taux de 4 p. 0/0 par an, pour 9 mois ?

8. Ayant besoin de fonds, je propose d'escompter à 8 p. 0/0 par an trois billets datés du 15 janvier 1857. Le 1er billet, de 5000 fr. est payable le 5 octobre ; — le 2e, de 7500 fr., est payable le 15 décembre ; — le 3e, de 950 fr., est payable le 15 mars de l'année suivante. — On demande : 1° l'escompte de chaque billet ; — 2° la somme que je recevrais en échange ?

XIVe LEÇON.

Règle des mélanges et des alliages.

A quoi sert la règle des mélanges et des alliages ?

La règle des mélanges et alliages sert ordinairement :
1° à faire connaître le prix de l'unité de mesure d'une marchandise composée de plusieurs marchandises de même nature, mais de différentes qualités, et par conséquent de différents prix ;

2° A faire connaître en quelle proportion des marchandises de différents prix doivent être mélangées pour qu'on puisse les vendre à un prix moyen fixé, moindre que le plus élevé, et plus fort que le plus bas prix ;

3° A faire connaître le titre d'un alliage de métaux de titres différents.

PREMIÈRE QUESTION.

Un épicier a du sucre de trois qualités qu'il veut mélanger pour en faire du sucre d'une seule qualité, que l'on puisse vendre à un prix moyen. S'il en met 50 kilog. à 0 f. 85, — 40 kilog. à 0 f. 95 et 20 kilog. à 1 f. 10, — combien devra-t-il vendre le kilog. de mélange ?

Raisonnement : 50 kil. à 0 fr. 85 font........   42 f. 50

40 kil. à 0 fr. 95 font........   38   »

20 kil. à 1 fr. 10 font........   22   »

Total.   110 kil. de sucre mélangé font   102 f. 50

donc *un* kilogramme coûte 110 fois moins, ou $\frac{102 f. 50}{110} = 0$ fr. 932.

DEUXIÈME QUESTION.

On veut mélanger du vin à 150 f. la barrique avec du vin à 185 f., de telle manière que la barrique du mélange puisse être vendue 170 f. : combien faudrait-il en mettre de chaque qualité ?

On dit : La différence de 150 fr. au prix moyen 170 fr. est de 20 ; la différence de 185 fr. au prix moyen 170 fr. est de 15.

On intervertit la place des différences, et l'on conclut qu'il faudrait mélanger les vins dans le rapport de 15 à 20 ; soit 15 barriques, 15 demi-barriques ou 15 hectolitres du premier, avec 20 barriques, 15 demi-barriques ou 20 hectolitres du second. Le vin résultant du mélange se vendrait à raison de 170 fr. la barrique.

Raisonnement : En vendant 170 fr. une barrique de 150 fr., je gagnerais 20 fr. En vendant 185 fr. une barrique de 170 fr., je perdrais 15 fr.

Donc pour 20 barr. à 185 fr. je perdrais $15 \times 20 = 300$ fr. Pour compenser cette perte de 300 fr., je divise ce nombre par le gain connu sur chaque barrique de 150 fr., vendue 170, $\frac{300}{20} = 15$ barriques.

Nota. Ce raisonnement vient à l'appui de la marche indiquée. Il n'en est pas une démonstration ; et tous nombres dans le même rapport que 15 à 20 seraient également bons, par exemple 6 et 8, ou 9 et 12, etc.

Si l'on voulait une quantité moindre, on prendrait le cinquième, le sixième, le dixième ou le centième, etc., de chacune des quantités trouvées.

TROISIÈME QUESTION.

On veut allier 1 kilog. d'or au titre de 0,920, avec 3 hectog. au titre de 0,840, et 170 grammes au titre de 0,750 : — à quel titre sera le gramme de l'alliage ?

RAISONNEMENT :

1 kil. ou 1000 gr. à 0,920 de fin donnent 920 gr. de fin.
3 hect. ou 300 gr. à 0,840 id.   font   252 gr. de fin.
            170 gr. à 0,750 id.   font   127 gr. de fin.

Total. 1470 gr. d'alliage renferment 1299 gr. de fin.

Donc *un* gramme renferme 1470 fois moins, ou $\frac{1299}{1470} = 0,873$.

Ainsi, le nouvel alliage sera au titre de 0,873 ; c'est un titre moyen.

PROBLÈMES.

1. On veut mélanger 18 litres d'huile à 2 fr. 50 le litre avec 10 litres à 2 fr. 20, avec 7 litres à 1 fr. 75 : combien coûtera le litre du mélange ?

2. On a mélangé 80 litres de vin à 0 fr. 75 le litre, avec 50 litres à 0 fr. 45, avec 30 litres à 1 fr. 10 : combien coûtera le litre du mélange ?

3. Pour faire un vaste édifice, on emploie 32 ouvriers à 2 fr. 25 chacun, 270 ouvriers à 1 fr. 60 chacun, et 325 ouvriers à 1 fr. 25 chacun : — on demande le coût moyen d'un ouvrier.

4. On a deux lingots d'argent, le 1er est au titre de 0,850 et pèse 2 k. 35 ; le 2e est au titre de 0,970 et pèse 1 k. 90 : — à quel titre sera le gramme d'alliage, si on les fond l'un avec l'autre ?

5. Deux jeunes arpenteurs ont mesuré à quatre reprises différentes la longueur d'une ligne sur le terrain ; la 1re fois on trouvait 275 mètres ; la 2e fois 273 mètres 35 ; la 3e fois 274 mètres 50, et la 4e fois 272 mètres : — on demande à quel chiffre on doit s'arrêter.

6. J'ai de la farine de deux qualités que je veux mélanger pour pouvoir la revendre à 49 fr. la somme ; comb. devrai-je en mettre de la 1re qualité qui coûte 67 fr., et de la 2e qualité qui coûte 38 fr. ?

7. J'ai du vin à 1 fr. 65 et à 2 fr. 10 la bouteille, — combien de bouteilles de chaque espèce devrai-je verser dans un même vase pour faire un mélange dont le litre vaille 1 fr. 85 ?

8. Un marchand ambulant colporte des glaces, des couteaux, des couverts, de petits compas, des bretelles, des portefeuilles, et il vend tous ces objets au même prix. Quel est ce prix si les glaces coûtent 0 fr. 30 chacune, les couteaux 0 fr. 35, les compas 0 fr. 60, les couverts 0 fr. 65, les bretelles 0 fr. 45, et les portefeuilles 0 fr. 90. Il veut gagner 1 fr. 25 sur chaque douzaine de ces objets ?

8. Une cloche qui n'est composée que d'étain et de cuivre a coûté 1209 fr. et pèse 460 kilogrammes : combien renferme-t-elle d'étain à 4 fr. 75 le kilog. et de cuivre à 2 fr. 70 le kilogramme?

10. Le bronze des canons et statues se compose de 11 kil. d'étain sur 100 kil. de cuivre : combien un canon pesant 1200 kil. contient-il de cuivre et d'étain?

QUATRIÈME PARTIE.

PREMIER APPENDICE.

Ire LEÇON.

FRACTIONS ANCIENNES.

Deux ou plusieurs fractions étant données, peut on reconnaître facilement les plus grandes ?

Oui, on le peut facilement en se rappelant bien la fonction des deux termes : le dénominateur indique en combien de parties égales l'unité est divisée; — le numérateur indique le nombre que l'on prend de ces parties.

Il en résulte donc, quand les fractions se rapportent au même objet ou à deux quantités égales, que 1° si les dénominateurs sont les mêmes, la plus grande fraction est celle qui a le plus grand numérateur ;

2° Si les numérateurs sont les mêmes, les dénominateurs étant différents, la plus grande fraction est celle qui a le plus petit dénominateur.

La *démonstration du premier principe* est dans la nature même des choses. Soient les fractions $\frac{7}{8}$ et $\frac{5}{8}$. Si nous supprimions les dénominateurs, il resterait 7, qui est plus grand que 5.

Démonstration du deuxième principe. Je dis que $\frac{4}{5}$ sont plus grands que $\frac{4}{7}$. En effet, $\frac{1}{5}$ d'une chose est plus grand que $\frac{1}{7}$ de la même chose ; $\frac{2}{5}$ sont donc plus grands que $\frac{2}{7}$. Donc $\frac{4}{5}$ sont plus grands que $\frac{4}{7}$.

L'examen de deux lignes égales divisées inégalement le prouve aux yeux en même temps qu'à l'esprit :

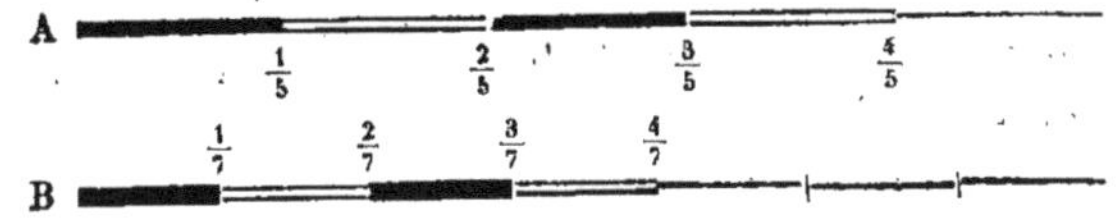

De quel signe se sert-on pour indiquer qu'une quantité est plus grande qu'une autre ?

Pour exprimer par signe qu'une quantité est plus grande ou plus petite qu'une autre, on se sert d'un $\bigvee$ couché de manière que la pointe en soit tournée vers la plus petite des deux quantités. — *Ex.* : $\frac{7}{8} > \frac{5}{8}$, $\frac{6}{7} < \frac{6}{5}$. Si la pointe est à droite, ce signe s'énonce *plus grand que*. Si la pointe en est à gauche, il s'énonce *plus petit que*.

Toute quantité écrite au moyen de deux nombres séparés l'un de l'autre par un trait est-elle une fraction ?

Non, ce n'est une fraction proprement dite que quand le numérateur est plus petit que le dénominateur, comme $\frac{2}{3}$, $\frac{5}{8}$, $\frac{4}{7}$.

Quand le numérateur est plus grand que le dénominateur, c'est une *expression fractionnaire*, parce qu'alors la quantité renferme au moins une unité, plus une fraction.

Ainsi, $\frac{6}{5}$, $\frac{8}{3}$, $\frac{23}{7}$ sont des nombres fractionnaires, car $\frac{6}{5} = 1\frac{1}{5}$, $\frac{8}{3} = 2\frac{2}{3}$, $\frac{23}{7} = 3\frac{2}{7}$.

IIe LEÇON.

Quelle est la règle à suivre pour extraire les entiers contenus dans un nombre fractionnaire ?

On divise le numérateur par le dénominateur jusqu'à ce qu'on trouve un reste, que l'on met à la droite du quotient, sous forme de fraction, avec le diviseur pour dénominateur.

Soient à extraire les entiers de $\frac{47}{6}$. L'unité a été partagée en six parties égales ; donc $\frac{6}{6}$ font l'unité tout entière ; $\frac{12}{6}$ font 2 unités ; $\frac{18}{6}$ font 3 unités, etc. ; c'est-à-dire autant d'unités que 6 est contenu de fois dans le dénominateur.

En 47 combien de fois 6 ? 7 fois et 5 pour reste, ou 7 5/6.

Peut-on ramener l'entier qui précède une fraction an-cienne à ne faire qu'une quantité fractionnaire avec cette même fraction ?

Oui, on le peut. Il faut multiplier l'entier par le déno-minateur, ajouter le numérateur au produit, et mettre le résultat définitif sous forme de fraction avec le dénomi-nateur de la fraction même pour dénominateur.

Soit à réduire en fraction la quantité $8\frac{3}{5}$:

L'unité vaut $\frac{5}{5}$; 2 unités valent donc $\frac{10}{5}$; 3 unités $= \frac{15}{5}$;

Donc 8 unités $= \frac{8 \times 5}{5} = \frac{40}{5}$; en y ajoutant $\frac{3}{5}$, on a $\frac{43}{5}$.

Que devient une fraction ancienne quand on modifie ses termes par la multiplication ou par la division ?

1° Elle peut être rendue plus grande; — 2° elle peut être rendue plus petite; — 3° elle peut n'éprouver de changement que dans la förme, sa valeur restant la même.

Quand on multiplie le numérateur d'une fraction par un entier, sans toucher au dénominateur, le résultat exprime-t-il une quantité plus grande que le multiplicande?

Oui, on obtient une fraction autant de fois plus grande qu'il y a d'unités dans l'entier.

Soit $\frac{4}{5}$ dont on multiplie le numérateur par 7. J'aurai $\frac{4 \times 7}{5} = \frac{28}{5}$, quantité ayant le même dénominateur avec un numérateur sept fois plus grand. Elle exprime 7 fois plus de cinquièmes ; $\frac{28}{5}$ est donc 7 fois plus grand que $\frac{4}{5}$.

Le résultat exprime-t-il une quantité plus grande que le multiplicande, quand on multiplie le dénominateur d'une fraction par un entier, sans toucher au numérateur ?

Non ; au contraire, on obtient une quantité autant de fois moindre que l'entier multiplicateur renferme d'unités.

Soit $\frac{4}{5}$ dont on multiplie le dénominat. par 7; j'aurai $\frac{4}{5 \times 7} = \frac{4}{35}$, quantité ayant le même numérateur avec un dénominateur sept fois plus grand. $\frac{1}{35}$ est sept fois plus petit que $\frac{1}{5}$ (*IVe partie, 1re leçon*) : $\frac{4}{35}$ sont donc aussi sept fois plus petits que $\frac{4}{5}$.

Qu'arriverait-il si on multipliait les deux termes d'une fraction par le même nombre ?

On obtiendrait une quantité équivalente.

Soit $\frac{4}{5}$ dont on multiplie les deux termes par 7 ; j'aurai $\frac{28}{35}$. En multipliant le numérateur seulement, j'aurais obtenu une quantité sept fois plus grande ; en multipliant le dénominateur seulement, j'aurais eu une quantité sept fois plus petite. Or, j'ai multiplié les deux termes : il y a donc compensation.

EXERCICES.

Extraire les entiers contenus dans $\frac{18}{7}$, $\frac{34}{4}$, $\frac{86}{9}$, $\frac{173}{6}$, $\frac{256}{24}$.

Ramener à des nombres décimaux équivalents les quantités trouvées.

Convertir en nombres fractionnaires chacune des quantités suivantes : $4\frac{5}{6}$, $7\frac{3}{4}$, $29\frac{4}{7}$, $38\frac{11}{15}$.

IIIe LEÇON.

Caractères de divisibilité des nombres.

Nota. Avant de voir les changements qui proviennent de la division des termes par entier, nous avons à nous occuper des caractères auxquels on reconnaît qu'un nombre est exactement divisible par un autre nombre.

Rappelez la définition des multiples et des sous-multiples.

(Voir à la 1re leçon sur le Système métrique).

Qu'appelle-t-on diviseur exact d'un nombre ?

C'est un second nombre contenu dans le premier une ou plusieurs fois exactement et pouvant conséquemment le diviser sans reste. Un diviseur exact n'est donc autre chose qu'un sous-multiple.

Qu'appelle-t-on nombre premier ?

On appelle nombre premier tout nombre qui ne contient exactement que lui-même ou l'unité : 1, 2, 3, 5, 7, 11, 13, 17, etc., sont des nombres premiers.

Quand deux nombres sont-ils premiers entre eux?

Deux nombres sont premiers entre eux quand ils n'ont que l'unité pour diviseur commun : 9 et 40 sont premiers entre eux, parce que aucun diviseur exact de 9 ne convient à 40, et qu'aucun diviseur de 40 ne convient à 9 : l'unité est l'unique diviseur qui leur soit commun.

Y a-t-il des caractères auxquels on reconnaît qu'un nombre est divisible par tel ou tel autre nombre?

Oui, et ces caractères, que l'on nomme *caractères de divisibilité*, reposent sur des principes qu'il est utile de connaître ; les voici :

1er *principe* : Tout nombre qui divise séparément deux autres nombres divise également leur somme.

C'est-à-dire que 3, diviseur de 9 et de 12, l'est aussi de 21, qui est leur somme.

2e *principe* : Tout nombre qui divise séparément deux autres nombres divise également leur différence.

C'est-à-dire que 4, diviseur de 16 et de 24, l'est aussi de 8, qui est leur différence.

3e *principe* : Tout diviseur d'un nombre divise également les multiples de ce nombre.

C'est-à-dire que 6, diviseur de 18, l'est aussi de 36, de 72 de 144, qui sont des multiples de 18.

IVe LEÇON.

Quand un nombre est-il divisible par 2 ?

Un nombre est divisible par 2 quand son dernier chiffre à droite est pair. *Ex.* : 3756.

En effet, 3756 = 3750 + 6. Or, 3750 est multiple de 10, qui est multiple de 2 ; donc (3e *principe*) 3750 est divisible par 2. — De plus, 6 est divisible par 2 ; donc (1er *principe*) 3756, somme des deux nombres divisibles par 2, est divisible aussi par 2.

Quand un nombre est-il divisible par 3 ?

Un nombre est divisible par 3, quand la somme de ses chiffres additionnés comme s'ils représentaient des unités simples est un nombre divisible par 3. *Ex.* : 9756.

En effet, 9756 = 9000 + 700 + 50 + 6. Or,

$$1000 = 999 + 1, \text{ donc } 9000 = 3 \text{ fois } 999 + 9;$$
$$100 = 99 + 1, \text{ donc } 700 = 3 \text{ fois } 99 + 7;$$
$$10 = 9 + 1, \text{ donc } 50 = 5 \text{ fois } 9 + 5;$$
$$6 \text{ est multiple de } 3, \text{ donc} \ldots \ldots \ldots \ldots \ldots \ldots 6.$$

Et puisque 9756 est égal à la réunion de trois multiples de 9 (9000 + 700 + 50), augmentés des valeurs absolues 9 + 7 + 5 + 6, si la somme de ces chiffres est divisible par 9, le nombre qu'ils constituent l'est également (1er *principe*).

Or, 9 est multiple de 3; donc, etc.

Quand un nombre est-il divisible par 4 ?

Un nombre est divisible par 4, lorsque ses deux derniers chiffres à droite forment un nombre divisible par 4. *Ex.* : 564,

En effet, 564 = 500 + 64. Or, 100 est multiple de 4, 500 l'est donc aussi (3e *principe*). 64 est donné tel également; donc (1er *principe*) leur somme 564 est divisible par 4.

EXERCICES.

Trouver trois nombres de quatre ou cinq chiffres chacun qui soient divisibles exactement par 2.

Trouvez-en quatre de même étendue divisibles par 3.

Trouvez-en trois de même étendue divisibles par 4.

Trouvez-en deux divisibles à la fois par 2, 3 et 4.

Ve LEÇON.

Quand un nombre est-il divisible par 5 ?

Un nombre est divisible par 5 quand il est terminé à sa droite par 5 ou par 0. *Ex.* . 465.

En effet, 465 = 460 + 5. Or, 460 est un multiple de 10 et conséquemment de 5; — 5 est divisible par 5; donc (1er *principe*) leur somme 465 l'est également.

Quand un nombre est-il divisible par 6?

Un nombre est exactement divisible par 6 quand il est divisible par 2 et par 3.

Ainsi, 3756 qui est divisible par 2 puisqu'il est terminé à droite par un chiffre pair, — divisible aussi par 3 puisque le total des valeurs absolues de ses chiffres est un multiple de 3, ce nombre 3756 est divisible par 6.

Quand un nombre est-il divisible par 9 ?

Un nombre est divisible par 9 quand le total des valeurs absolues de ses chiffres est 9 ou un multiple de 9.

Ainsi, 111111111 est divisible par 9, parce que le total des valeurs absolues de ses chiffres est 9.

35748 est divisible par 9, car $3 + 5 + 7 + 4 + 8 = 27$ qui est multiple de 9.

Quand un nombre est-il divisible par 10 ?

Un nombre est divisible exactement par 10 quand son dernier chiffre à droite est zéro.

Ainsi, 20 et 2870 sont divisibles par 10.

Les nombres terminés à droite par deux ou plusieurs zéros sont exactement divisibles par 100.

Les nombres terminés à droite par trois ou plus de trois zéros sont exactement divisibles par 1000, etc.

A quoi sert la connaissance des caractères de divisibilité des nombres?

Cette connaissance est indispensable quand on veut simplifier une fraction dont les termes sont peu intelligibles à cause de leur étendue.

Quand une fraction est-elle réductible?

Si les deux termes d'une fraction sont divisibles exactement par le même nombre, on peut la simplifier par la division, c'est-à-dire la réduire à deux termes plus petits.

Donnez la règle de la simplification des fractions.

Pour simplifier une fraction, on en divise les deux termes par le même nombre, qui est le diviseur commun.

La fraction nouvelle est équivalente à la première. Cela se démontre comme les principes de la IIe leçon, p. 143.

Ainsi, la fraction $\frac{531}{720}$ peut se simplifier, parce que les deux termes en sont divisibles exactement par 9 : le 9e de 531 est 59 ; le 9e de 720 est 80. Donc $\frac{531}{720} = \frac{59}{80}$. Il n'y a plus de commun diviseur aux deux termes 59 et 80 ; la nouvelle fraction est donc la plus simple expression de la première.

EXERCICES.

Trouver trois nombres divisibles exactement par 5.

Trouver trois nombres divisibles exactement par 6.

Trouver trois nombres divisibles exactement par 9.

Trouver trois nombres divisibles exactement par 10.

Trouver trois nombres divisibles exactement et à la fois par 5, 6, 9 et 10 ?

Simplifier les fractions $\frac{36}{45}$, $\frac{8}{36}$, $\frac{219}{423}$, $\frac{3420}{8730}$, $\frac{57312}{69374}$, $\frac{4236}{7353}$, $\frac{724}{852}$, $\frac{600}{700}$, $\frac{35217}{97605}$.

VIe LEÇON.

Conversion des fractions au même dénominateur.

Qu'est-ce que la conversion des fractions au même dénominateur ?

La conversion des fractions au même dénominateur est une opération qui consiste à trouver, pour un nombre quelconque de fractions données et sans altérer leur valeur, un *dénominateur commun*. Elles expriment dès lors des unités de même ordre, que l'on peut sans peine additionner ou soustraire.

Comment convertit-on deux fractions au même dénominateur ?

Pour convertir deux fractions au même dénominateur, on multiplie les deux termes de la première par le dénominateur de la seconde, et les deux termes de la seconde par le dénominateur de la première.

Soient les fractions $\frac{3}{4}$ et $\frac{5}{6}$. Je multiplie 3 et 4 par 6, et j'ai $\frac{18}{24}$; puis 5 et 6 par 4, et j'ai $\frac{20}{24}$.

Ces deux nouvelles fractions diffèrent-elles des deux premières ?

Oui, elles en diffèrent par la forme, mais non par leur valeur : $\frac{18}{24} = \frac{3}{4}$ et $\frac{20}{24} = \frac{5}{6}$.

En effet, 18 et 24 de la fraction $\frac{18}{24}$ sont les deux produits de 3 et 4 $\left(\frac{3}{4}\right)$ par le même nombre 6. On ne change pas la valeur d'une fraction quand on en multiplie les deux termes par le même nombre ; donc $\frac{18}{24} = \frac{3}{4}$.

On démontrerait, par un raisonnement analogue, que $\frac{20}{24} = \frac{5}{6}$.

Pourquoi trouve-t-on le même nombre pour dénominateur des deux fractions nouvelles ?

Parce que chacun d'eux est le produit des mêmes facteurs pris dans deux ordres différents : on a dit d'abord 6 fois 4, et puis on a dit 4 fois 6. Or, nous savons qu'un produit est toujours le même, quel que soit l'ordre dans lequel on emploie ses facteurs pour le trouver,

Comment convertit-on plusieurs fractions au même dénominateur ?

Il y a deux manières de convertir plusieurs fractions au même denominateur.

La première consiste *à multiplier les deux termes de chacune par le produit des dénominateurs de toutes les autres.*

Soient à convertir au même dénominateur $\frac{3}{4}$ $\frac{5}{6}$ $\frac{7}{8}$ $\frac{2}{9}$.

1° Je multiplie les deux termes 3 et 4 de la première par le produit 432 qui résulte de $6 \times 8 \times 9$, et j'ai la fraction $\frac{1296}{1728}$.

2° Je multiplie les deux termes 5 et 6 de la deuxième par le produit 288 qui résulte de $4 \times 8 \times 9$, et j'ai la fraction $\frac{1440}{1728}$.

3° Je multiplie les deux termes 7 et 8 de la troisième par le produit 216 qui résulte de $4 \times 6 \times 9$, et j'ai la fraction $\frac{1512}{1728}$.

4° Je multiplie les deux termes 2 et 9 de la quatrième par le produit 192 qui résulte de $4 \times 6 \times 8$, et j'ai la fraction $\frac{384}{1728}$.

EXERCICES.

Convertissez deux à deux au même dénominateur les fractions
$\frac{5}{7}\ \frac{8}{9}$; $\frac{12}{17}\ \frac{3}{4}$; $\frac{6}{11}\ \frac{15}{22}$; $\frac{4}{9}\ \frac{3}{16}$; $\frac{29}{60}\ \frac{13}{45}$.

Convertissez au même dénominateur les fractions ci-après :
$\frac{3}{7}\ \frac{2}{5}\ \frac{4}{9}\ \frac{6}{11}$; — $\frac{8}{11}\ \frac{7}{13}\ \frac{4}{5}\ \frac{3}{8}\ \frac{13}{20}$; — $\frac{8}{9}\ \frac{6}{7}\ \frac{4}{19}\ \frac{15}{16}\ \frac{12}{13}\ \frac{3}{4}$.

VIIᵉ LEÇON.

Suite de la conversion des fractions au même dénominateur.

Quel autre procédé peut-on employer pour convertir plusieurs fractions au même dénominateur ?

Un second procédé consiste à choisir un nombre qui soit un multiple exact de tous les dénominateurs des fractions proposées.

Ce nombre étant trouvé, on le divise par chacun des dénominateurs, et l'on multiplie les deux termes de chaque fraction par le quotient trouvé à chacune,

Soient à convertir au même dénominateur les fractions $\frac{3}{4}\ \frac{5}{6}\ \frac{7}{8}\ \frac{2}{9}$.

Le nombre 72 étant à la fois multiple de tous les dénominateurs, je l'adopte; je le pose distinctement au-dessus des fractions; et, divisant successivement par chacun de ces dénominateurs, j'établis comme suit les quotients trouvés :

$$72$$
$$\frac{3}{4}\quad \frac{5}{6}\quad \frac{7}{8}\quad \frac{2}{9}$$
$$18\quad 12\quad 9\quad 8$$

Enfin, je multiplie les deux termes de chaque fraction par le quotient correspondant; ce qui donne les fractions équivalentes :
$$\frac{54}{72}\quad \frac{60}{72}\quad \frac{63}{72}\quad \frac{16}{72}$$

Mais ce procédé est moins généralement applicable que le premier, parce qu'il peut arriver qu'il n'y ait pas de multiple commun aux divers dénominateurs.

Les fractions $\frac{3}{4}\ \frac{5}{6}\ \frac{7}{8}\ \frac{2}{9}$, converties au même dénominateur, deviennent $\frac{1296}{1728}\ \frac{1440}{1728}\ \frac{1512}{1728}\ \frac{384}{1728}$; celles-ci sont-elles équivalentes aux premières ?

Oui, $\frac{1296}{1728} = \frac{3}{4}$; car on ne change pas la valeur d'une fraction quand on multiplie les deux termes par le même nombre qui est ici 432.

Pour la même raison $\frac{1440}{1728} = \frac{5}{6}$; $\frac{1512}{1728} = \frac{7}{8}$; $\frac{384}{1728} = \frac{2}{9}$.

Pourquoi doit-on trouver le même dénominateur partout?

Pour le même motif que nous avons indiqué à la leçon VIe, page 149.

VIIIe LEÇON.

Addition et soustraction des fractions.

Comment fait-on l'addition des fractions anciennes?

Pour additionner deux ou plusieurs fractions anciennes on commence par les convertir au même dénominateur, afin d'avoir des unités de même ordre ; puis on additionne tous les numérateurs, comme des nombres entiers, et l'on met leur somme sous forme de fraction avec le dénominateur commun pour dénominateur.

Si le total est une fraction proprement dite, l'opération est terminée.

Si le total est un nombre fractionnaire, on en extrait les entiers.

Ainsi, les fractions ci-dessus $\frac{3}{4}$ $\frac{5}{6}$ $\frac{7}{8}$ $\frac{2}{9}$ converties, donnent $\frac{1296}{1728}$ $\frac{1440}{1728}$ $\frac{1512}{1728}$ $\frac{384}{1728}$.

La somme des numérateurs est 4632 ; je lui donne 1728 pour dénominateur ; il en résulte le nombre fractionnaire $\frac{4632}{1728} = 2\frac{1176}{1728}$.

Et, cette fraction étant réduite, on a $2\frac{49}{72}$.

Et si l'on avait des entiers joints aux fractions, comment l'addition se ferait-elle ?

Il y aurait alors deux additions : celle des fractions et celle des entiers. La somme des fractions étant trouvée, on en extrairait les entiers, que l'on ajouterait aux entiers donné

Ainsi, si, au lieu d'avoir simplement les fractions $\frac{3}{4} + \frac{5}{6} + \frac{2}{8} + \frac{2}{9}$, on avait eu $5\frac{3}{4} + 8\frac{5}{6} + 14\frac{7}{8} + \frac{2}{9}$, le total des fractions serait $2\frac{49}{72}$; celui des entiers serait 27; le total définitif serait donc $27 + 2\frac{49}{72} = 29\frac{19}{72}$.

EXERCICES.

Additionner $\frac{2}{5} + \frac{4}{7} + \frac{8}{9}$; $\frac{5}{6} + \frac{3}{4} + \frac{7}{8} + \frac{2}{9}$; $8\frac{12}{17} + 15\frac{3}{5}$; $6\frac{2}{7} + 24\frac{3}{4} + 9\frac{5}{6} + 15\frac{8}{9}$; $37\frac{2}{3} + 25\frac{13}{19} + 48\frac{20}{33}$.

Comment retranche-t-on une fraction ancienne d'une autre?

On les convertit d'abord au même dénominateur, afin d'avoir à opérer sur des unités de même espèce; puis on retranche le plus petit numérateur du plus grand, et l'on donne pour dénominateur au reste le dénominateur commun.

Soient à ôter $\frac{5}{8}$ de $\frac{7}{8}$. Je convertis, et j'ai $\frac{40}{48}$ ôté de $\frac{42}{48}$; reste $\frac{2}{48} = \frac{1}{24}$.

Comment fait-on quand il y a des entiers joints aux fractions?

On convertit toujours les fractions au même dénominateur; mais il peut alors se rencontrer deux cas :

1° Que la plus grande fraction accompagne le plus fort entier;

2° Que la plus grande fraction accompagne le plus petit entier.

Dans le premier cas, on retranche les numérateurs l'un de l'autre, puis les entiers.

Exemple : $8\frac{3}{4} - 5\frac{2}{3} = 8\frac{9}{12} - 5\frac{8}{12}$; reste $3\frac{1}{12}$.

Dans le second cas, on convertit les fractions; on emprunte au plus grand nombre une unité simple, que l'on convertit en fraction de même nature que celle qui l'accompagne, et à laquelle on l'ajoute; puis on opère comme dans le premier cas, en se rappelant que le plus fort entier est diminué d'une unité.

Exemple : $7 \frac{2}{3} - 5 \frac{3}{4} = 7 \frac{8}{12} - 5 \frac{9}{12}$.

On ne peut ôter $\frac{9}{12}$ de $\frac{8}{12}$; cette dernière fraction est trop petite :

Je prends une unité à 7; cette unité vaut $\frac{12}{12}$ que j'ajoute à $\frac{8}{12}$; du total $\frac{20}{12}$ j'ôte $\frac{9}{12}$; le reste est $\frac{11}{12}$.

Passant aux entiers, je me souviens que le 7 ne vaut plus que 6; je dis donc $6 - 5 = 1$. Le reste définitif est donc $1 \frac{11}{12}$.

EXERCICES.

De $\frac{3}{7}$ ôtez $\frac{1}{7}$; de $\frac{5}{6}$ ôtez $\frac{2}{6}$; de $\frac{8}{9}$ ôtez $\frac{3}{4}$; de $8 \frac{4}{5}$ ôtez $5 \frac{2}{3}$; de $29 \frac{17}{19}$ ôtez $18 \frac{13}{21}$; de $75 \frac{24}{33}$ ôtez $60 \frac{18}{78}$; de $4 \frac{1}{7}$ ôtez $\frac{3}{7}$; de $12 \frac{2}{9}$ ôtez $8 \frac{6}{7}$; de $70 \frac{1}{3}$ ôtez $49 \frac{3}{4}$.

IXᵉ LEÇON.

Multiplication des fractions anciennes.

Comment multiplie-t-on une fraction par un entier ?

On multiplie une fraction par un entier en multipliant son numérateur par l'entier, sans toucher au dénominateur; et l'on donne ce dernier pour dénominateur au résultat.

Pour la démonstration, voyez la IIᵉ leçon, p. 143.

Comment multiplie-t-on un entier par une fraction ?

On multiplie l'entier par le numérateur, en donnant pour dénominateur au résultat le dénominateur de la fraction.

Exemple : $25 \times \frac{3}{4} = \frac{25 \times 3}{4} = \frac{75}{4} = 18 \frac{3}{4}$.

En effet, si j'avais à multiplier 25 par 3, le produit serait $25 \times 3 = 75$; mais ce n'est pas par 3 que je dois multiplier; c'est par $\frac{3}{4}$, quantité 4 fois plus petite; le produit 75 est donc 4 fois trop grand; pour qu'il soit exact, je le divise par 4, et j'ai $\frac{75}{4} = 18 \frac{3}{4}$.

Remarque : Le produit est moindre que le multiplicande 25, parce qu'il est le résultat de la multiplication de 25 par une quantité moindre que l'unité.

7*

Comment multiplie-t-on une fraction par une fraction ?

On multiplie le numérateur de la première par le numérateur de la seconde, et le dénominateur de la première par le dénominateur de la seconde.

$$\text{Exemple}: \frac{3}{4} \times \frac{5}{6} = \frac{3 \times 5}{4 \times 6} = \frac{15}{24} \text{ ou } \frac{3}{8}.$$

En effet, si j'avais à multiplier $\frac{3}{4}$ par 5, j'aurais $\frac{3 \times 5}{4}$; mais ce n'est pas par 5, c'est par $\frac{5}{6}$ que je dois multiplier, quantité 6 fois moindre; le produit est donc 6 fois trop grand. Pour qu'il soit exact, je le divise par 6, et j'ai $\frac{3 \times 5}{4 \times 6} = \frac{15}{24}$ et, en réduisant, $\frac{3}{8}$.

Remarque : Le produit de la multiplication de deux fractions l'une par l'autre est moindre que chacune d'elles.

Comment multiplie-t-on l'un par l'autre deux entiers accompagnés de fractions anciennes ?

On convertit chacun des entiers en fraction de même espèce que celle qui l'accompagne, en l'y ajoutant. Les deux facteurs deviennent ainsi des nombres fractionnaires, et le cas est ramené au précédent. Seulement, le produit en est toujours plus grand qu'une unité, et on devra le convertir.

$$\text{Exemple}: 8\frac{2}{3} \times 6\frac{5}{7} = \frac{26}{3} \times \frac{47}{7} = \frac{1222}{21} = 58\frac{4}{21}.$$

EXERCICES.

Multipliez $\frac{3}{4}$ par $\frac{5}{6}$; $\frac{2}{7}$ par 8; 15 par $\frac{3}{8}$; $\frac{4}{5}$ par $\frac{11}{12}$; 27 par $\frac{7}{9}$; $3\frac{4}{7}$ par $5\frac{2}{3}$; $35\frac{8}{9}$ par $23\frac{7}{8}$.

PROBLÈMES SUR LA MULTIPLICATION DES FRACTIONS ANCIENNES.

1. S'il faut $\frac{3}{8}$ de mètre d'étoffe pour un gilet, combien en faudrait-il pour 6 gilets?

2. Il faut $\frac{2}{5}$ de kilog. d'indigo pour teindre 3 mètres d'étoffe; combien en faudrait-il pour 7 m. $\frac{5}{6}$?

3. Un piéton fameux faisait, dit-on, 1 lieue $\frac{2}{7}$ à l'heure. Quel trajet aurait-il parcouru en 4 h. $\frac{5}{9}$?

4. Un tisserand, mettait $\frac{3}{4}$ d'heure pour faire une aune de toile. On lui en donna à faire 8 aunes $\frac{1}{2}$; et il commença à 1 h. $\frac{3}{4}$ du matin. S'il travailla sans interruption, à quelle heure finit-il ?

5. Une brouette renfermait $\frac{2}{357}$ de toise cube ; 20 hommes qui en avaient de pareilles s'occupèrent à déblayer un terrain durant 18 jours, et ils faisaient 72 voyages par jour, chacun. Quelle quantité de terre ont-ils déblayée ?

X⁰ LEÇON.

Division des fractions anciennes.

Comment divise-t-on une fraction par un entier ?

Pour diviser une fraction ancienne par un entier, on en multiplie le dénominateur par l'entier, sans toucher au numérateur.

$$Exemple : \frac{5}{6} : 4 = \frac{5}{6 \times 4} = \frac{5}{24}.$$

En effet, en multipliant le dénominateur 6 par 4, on divise l'unité sous-entendue en 4 fois plus de parties, qui sont par cela même 4 fois plus petites chacune. On n'en prend toujours que le même nombre, mais elles sont 4 fois plus petites; la fraction $\frac{5}{24}$ est donc 4 fois moindre que $\frac{5}{6}$; c'est-à-dire que $\frac{5}{24}$ est le quotient de $\frac{5}{6}$ divisé par 4.

Comment divise-t-on un entier par une fraction ?

Pour diviser un entier par une fraction ancienne, il faut multiplier l'entier par la fraction renversée.

$$Exemple : 4 : \frac{5}{6} = \frac{4 \times 6}{5} = \frac{24}{5}.$$

En effet, si j'avais à diviser 4 par 5, le quotient serait $\frac{4}{5}$; mais ce n'est pas par 5 que je dois diviser, c'est par $\frac{5}{6}$, quantité 6 fois moindre; le quotient est donc 6 fois trop faible. Pour qu'il soit exact, je le multiplie (*au numérateur*) par 6, et j'ai $\frac{4 \times 6}{5} = \frac{24}{5} = 4\frac{4}{5}$.

Remarque : Le quotient est plus fort que le dividende, parce que le diviseur est moindre que l'unité.

Comment divise-t-on une fraction par une fraction ?

On multiplie la fraction dividende par la fraction diviseur renversée.

Exemple : $\frac{3}{4} : \frac{5}{6} = \frac{3 \times 6}{4 \times 5} = \frac{18}{20}$.

En effet, si j'avais à diviser $\frac{3}{4}$ par 5, le quotient serait $\frac{3}{4 \times 5}$. Mais ce n'est pas par 5, c'est par $\frac{5}{6}$, quantité 6 fois moindre, que je dois diviser; le quotient est donc 6 fois trop faible. Pour qu'il soit exact, je le multiplie (*au numérateur*) par 6, et j'ai $\frac{3 \times 6}{4 \times 5} = \frac{18}{20}$ ou $\frac{9}{10}$.

Comment divise-t-on un entier, suivi d'une fraction ancienne, par un autre entier suivi aussi d'une fraction ancienne?

On convertit chaque entier en fraction de même espèce que celle qui l'accompagne, en l'y ajoutant. Les deux termes de la division deviennent dès lors des expressions fractionnaires, et le cas est ramené au précédent, à celui d'une fraction à diviser par une autre fraction.

Exemple : $8\frac{2}{3} : 6\frac{5}{7} = \frac{26}{3} : \frac{47}{7} = \frac{182}{141} = 1\frac{41}{141}$.

EXERCICES.

Divisez $\frac{2}{5}$ par $\frac{3}{4}$; $\frac{5}{6}$ par 3; 6 par $\frac{4}{7}$; $\frac{8}{9}$ par 5; 13 par $\frac{5}{9}$; $\frac{9}{11} : \frac{6}{17}$; $7\frac{8}{11} : 4\frac{3}{16}$; $34\frac{12}{13} : 16\frac{4}{21}$.

PROBLÈMES SUR LA DIVISION DES FRACTIONS ANCIENNES.

1. Un tisserand faisait 6 aunes $\frac{3}{5}$ de toile en 7 heures ; combien en faisait-il par heure?

2. Avec 3 onces $\frac{4}{5}$ d'argent on pouvait filer un fil de 7056 m. 75. Quelle longueur de fil aurait-on eue avec une once d'argent?

3. Un cavalier poursuivait un fantassin qui avait 2 lieues $\frac{3}{4}$ d'avance sur lui. Si le fantassin faisait une lieue par heure, et le cavalier une lieue $\frac{1}{3}$, dans combien de temps l'atteignit-il?

4. Une fontaine donne 56 litres $\frac{7}{8}$ d'eau par heure. En combien d'heures remplirait-elle une tonne de 680 litres?

5. Un courrier, qui faisait une lieue $\frac{3}{4}$ par heure, partit le 1er janvier pour un voyage de 85 lieues (aller et retour). Quel jour et à quelle heure sera-t-il de retour?

DEUXIÈME APPENDICE.

Iʳᵉ LEÇON.

APPLICATIONS GÉOMÉTRIQUES.

Donnez une idée de ce qu'on entend par l'étendue.

1. Tout objet, toute chose que nous pouvons toucher ou voir, a de l'étendue (1).

Une route, un champ, une pierre ont de l'étendue, mais une étendue différente. Le voyageur ne compte d'une route que la *longueur*; le laboureur estime d'un champ la *longueur* et la *largeur*; et l'architecte considère dans une pierre, un mur, un bloc de marbre, la *longueur*, la *largeur* et l'*épaisseur*.

Qu'est-ce que la ligne ?

2. L'étendue en longueur seulement se nomme *ligne*.

Qu'est-ce que la surface ?

3. L'étendue en longueur et largeur à la fois se nomme *surface*.

Qu'est-ce qu'un corps ou solide ?

4. L'étendue en longueur, largeur et épaisseur ou profondeur à la fois, se nomme *corps* ou *solide*.

Des lignes.

Nota. *Nous laissons aux maîtres les soins de formuler les questions concernant la suite de ces applications géométriques, elles ressortent très-facilement de chaque alinéa.*

5. Les lignes sont *droites*, *brisées* ou *courbes*.

6. A——————————B La ligne *droite* est le plus court chemin d'un point à un autre.

7. 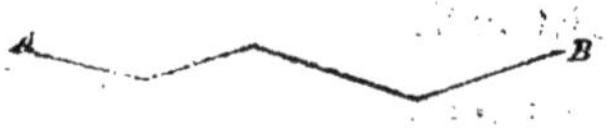 La ligne *brisée* est une réunion de lignes droites mises bout à bout dans des directions différentes.

8. La ligne *courbe* est celle qui n'est ni droite ni sensiblement composée de lignes droites.

(1) Nous avons déjà prévenu que, dans l'intérêt des enfants, nous sacrifions quelquefois la sévère exactitude mathématique.

9. Les lignes droites sont *horizontales, verticales, perpendiculaires* ou *obliques.*

10.   On nomme *horizontales* les lignes droites tracées dans le sens de l'horizon.

(*Le maître donnera sur l'horizon les explications que la petite étendue de l'ouvrage ne comporte pas.*)

11. Une ligne est *perpendiculaire* à une autre ligne donnée quand elle tombe sur cette autre, de telle sorte que l'un de ses points se trouve à égale distance de deux points également éloignés du point d'intersection.

Remarque : On appelle intersection de deux lignes le point où elles se rencontrent.

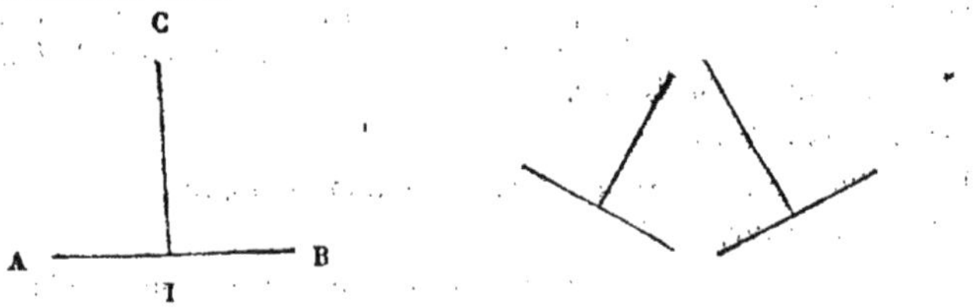

12. La ligne est *verticale* quand elle a la même direction que le fil à plomb suspendu.

La verticale, qui est toujours perpendiculaire à une horizontale, peut donc être une oblique relativement à une autre oblique.

IIᵉ LEÇON.

Suite des lignes.

13. La ligne est *oblique* quand, prise isolément, elle n'est ni horizontale ni verticale.

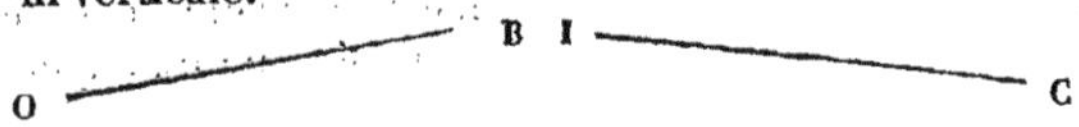

14. Les perpendiculaires peuvent donc être horizontales, verticales ou obliques. (*Voir* nᵒ 12.)

15. Deux lignes sont parallèles lorsqu'étant situées sur e même plan elles sont, dans toute leur étendue, à la même distance l'une de l'autre. Elles ne peuvent jamais se rencontrer.

A———————————————————B
C———————————————————D

16. La ligne courbe la plus parfaite, et qu'il est utile de connaître, est la *circonférence*, qu'on nomme incorrectement *cercle*.

17. La *circonférence* est une ligne courbe fermée, dont tous les points sont également éloignés d'un point intérieur appelé *centre*.

Le *cercle* est l'espace compris dans la circonférence.

19. Une portion de la circonférence se nomme *arc de cercle*.

20. Il y a à considérer dans le cercle plusieurs lignes droites : le *rayon*, le *diamètre*, la *corde*, la *sécante* et la *tangente*

21. Le *rayon* est une ligne droite qui va du centre du cercle à sa circonférence.

22. Le *diamètre* est une ligne droite qui, passant par le centre, aboutit de part et d'autre à la circonférence. Il est le double du rayon.

23. La *corde* est une ligne droite qui, sans passer par le centre du cercle, aboutit à la circonférence par ses deux extrémités.

24. La *sécante* est une ligne droite qui coupe le cercle et la circonférence.

25. La *tangente* est une ligne droite qui effleure la circonférence en un seul point à l'extérieur.

La tangente est toujours perpendiculaire au rayon qui aboutit au point de tangence.

IIIᵉ LEÇON.

Des angles.

26. On divise la circonférence en 360 parties égales, qu'on appelle *degrés*.

27. Cette division appartient aux petites circonférences aussi bien

qu'aux grandes ; seulement la longueur des degrés dépend de l'étendue de la circonférence.

28.

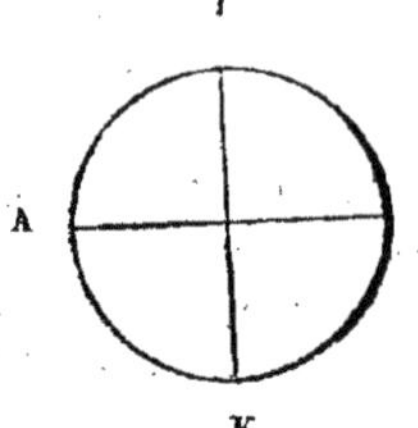

La demi-circonférence est donc de 180 degrés ; c'est ainsi que le diamètre la partage.

29. Le quart de la circonférence est de 90 degrés ; c'est ainsi que deux diamètres perpendiculaires l'un sur l'autre la partagent.

30. On appelle *angle* l'espace compris entre deux lignes qui se rencontrent en un seul point.

31. La grandeur des angles s'évalue en degrés. Ils sont de trois espèces par leur grandeur : *droits, aigus* ou *obtus*.

32.

Un angle de 90 degrés est un angle *droit*. Les côtés en sont perpendiculaires l'un sur l'autre.

33.

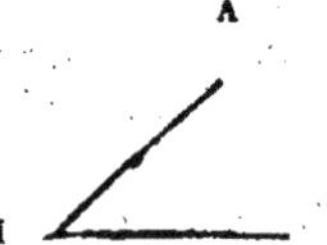

On appelle angle *aigu* celui que mesure un arc de moins de 90 degrés.

34

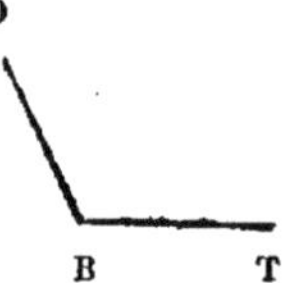

On appelle angle *obtus* celui que mesure un arc de plus de 90 degrés.

35. Les deux lignes d'un angle sont ses côtés ; qu'ils soient grands ou petits, cela n'influe pas sur sa valeur.

36. Le point d'intersection des côtés de l'angle se nomme *sommet*.

37. On désigne chaque angle au moyen de trois lettres placées aux extrémités des côtés.

38. On lit un angle en nommant la lettre du *sommet* la seconde. Ainsi, l'angle du numéro 34 se lit OBT.

39. L'angle droit est le plus commun, comme le plus utile. Les arbres forment généralement des angles droits avec l'horizon. Les arêtes des murs de nos maisons sont à angles droits, etc.; et cela, parce que la direction verticale est la plus solide.

IVe LEÇON.

SURFACES.

Des triangles.

40. On appelle *figure*, en géométrie, tout espace renfermé entre des lignes ou des surfaces ; toutes les figures ont donc des angles.

41. Le *triangle* est une figure à *trois angles*, et par conséquent à trois côtés. Il y en a de quatre sortes : le triangle *équilatéral*, le triangle *isocèle*, le triangle *scalène*, et le triangle *rectangle*, qui peut être de la nature de l'un ou de l'autre des précédents.

42. Le triangle *équilatéral* est celui dont les trois côtés sont égaux.

43. Les angles opposés aux côtés égaux sont égaux entre eux : les trois angles d'un triangle équilatéral sont donc égaux.

44. Le triangle *isocèle* est celui qui a deux côtés égaux.

Les angles opposés aux côtés égaux sont égaux. L'angle S est donc égal à l'angle O.

45.

Le triangle *scalène* est celui dont les trois côtés sont inégaux.

46. *Remarque :* Les trois angles d'un triangle scalène n'ont entre eux aucun rapport d'égalité.

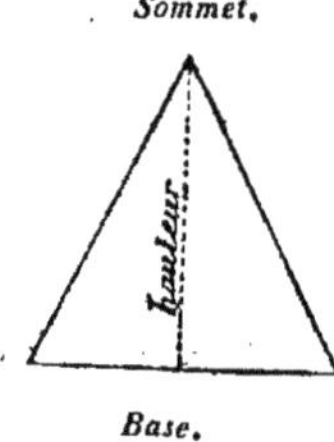

47.

Le triangle *rectangle* est celui dont un des angles est droit.

48. La somme des trois angles d'un triangle quelconque est égale à la somme de deux angles droits ou 180°.

Chaque angle du triangle isocèle vaut donc le tiers ou 60°.

Dans le triangle rectangle, les deux angles opposés à l'angle droit font donc ensemble 90°.

49. On appelle ordinairement *base* la ligne la plus basse du triangle, celle sur laquelle il repose.

50. On appelle *sommet* d'un triangle le sommet de l'angle opposé à sa base.

51. On appelle *hauteur* la distance perpendiculaire du sommet à la base ou au prolongement de la base.

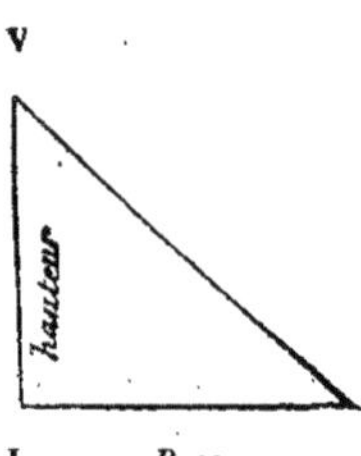

52. La hauteur de l'isocèle le partage en deux triangles rectangles égaux ; elle tombe perpendiculairement sur le milieu de la base.

53. Dans un triangle équilatéral, les lignes menées perpendiculai-

rément de chaque sommet sur le côté opposé se rencontrent à un point commun, qui est situé à égale distance des trois sommets.

54. La hauteur du triangle rectangle est l'un des côtés de son angle droit.

55. Il arrive souvent que la hauteur du scalène tombe sur le prolongement de sa base.

56. Quand on lit un triangle, on place toujours la lettre du sommet la seconde. Ainsi, le triangle rectangle ci-dessus se lira IVP ou encore PVI.

Vᵉ LEÇON.

SURFACES (*Suite*).

Des quadrilatères.

57. On nomme *polygones* toutes les figures géométriques terminées par des lignes droites se coupant deux à deux. Le triangle est le plus simple.

58. Le quadrilatère est un polygone à quatre côtés.

59. La droite qui joint deux angles opposés d'un quadrilatère se nomme *diagonale*.

60. Il y a cinq sortes de quadrilatères : le *carré*, le *losange*, le *rectangle*, le *parallélogramme* et le *trapèze*.

61. Le *carré* est un quadrilatère dont les côtés sont égaux et les angles droits.

62. La diagonale d'un carré le partage en deux triangles rectangles égaux.

63. Les deux diagonales d'un carré se rencontrent à un point situé à égale distance des sommets des quatre angles.

64. Toute ligne droite menée par le milieu d'un côté du carré, et perpendiculairement à ce côté, partage le carré en deux rectangles égaux.

65.

Le *losange* est un quadrilatère dont les côtés sont égaux et qui n'a pas d'angle droit.

66. La diagonale d'un losange le partage en deux triangles isocèles égaux.

67.

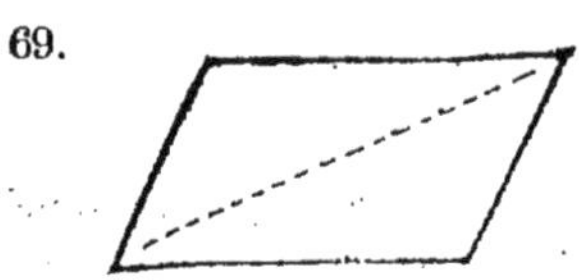

Le *rectangle* est un quadrilatère dont les côtés parallèles seulement sont égaux entre eux, et tous les angles droits. On l'appelle communément *carré long*.

68. La diagonale d'un rectangle le partage en deux triangles rectangles égaux.

69.

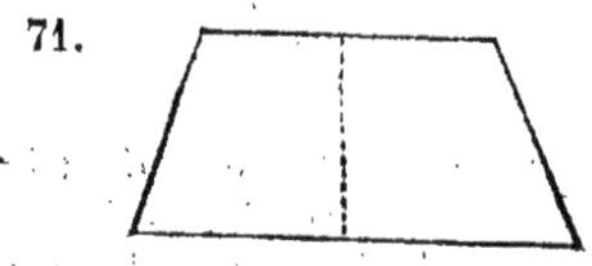

Le *parallélogramme* est un quadrilatère dont les côtés opposés sont égaux et parallèles, mais dont les angles ne sont pas droits.

70. La diagonale d'un parallélogramme le partage en deux triangles scalènes égaux.

71.

Le *trapèze* est un quadrilatère n'ayant que deux côtés parallèles.

72. La *base* du carré, du rectangle et du parallélogramme, est leur côté le plus bas. La base du losange est l'un de ses côtés. — Dans le trapèze il y a deux bases : ce sont ses deux côtés parallèles.

73. La hauteur du carré et celle du rectangle ne sont autre chose que l'un des côtés perpendiculaires à leur base.

74. La hauteur du losange, celle du parallélogramme, et celle du trapèze, est la distance perpendiculaire entre la base et le côté qui lui est parallèle.

VIe LEÇON.

SURFACES (*Suite*).

Des polygones.

75. Un polygone à cinq côtés se nomme *pentagone.*

76. Tout polygone peut se partager en autant de triangles qu'il y a de côtés, moins deux, au moyen de diagonales partant du même sommet.

Le pentagone peut donc se partager en trois triangles.

77. Un polygone à six côtés se nomme *hexagone.*

L'hexagone peut donc se partager en quatre triangles.

78. Un polygone à sept côtés se nomme *eptagone.*

L'eptagone peut donc se partager en cinq triangles.

79. Les polygones à huit côtés se nomment *octogones.*

Ceux à neuf et à dix se nomment *ennéagones* et *décagones.*

L'octogone peut donc se partager en six triangles ; l'ennéagone en sept, et le décagone en huit.

80. Les polygones sont *réguliers* ou *irréguliers.* Ils sont réguliers

si leurs côtés sont égaux entre eux, ainsi que leurs angles, comme ceux ci–dessus. Ils sont irréguliers dans le cas contraire.

Polygones irréguliers.

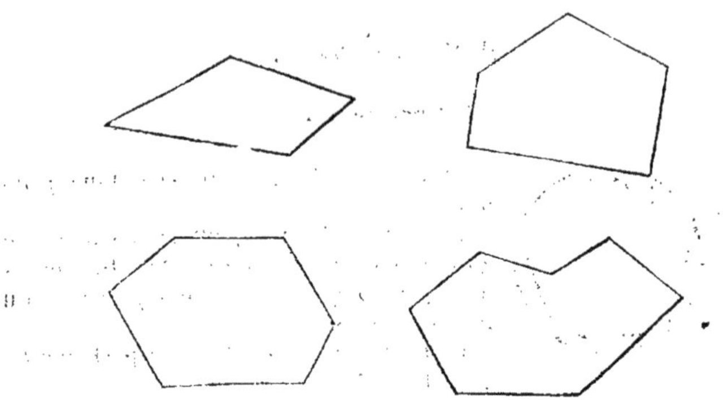

81. Les polygones sont *inscrits* ou *circonscrits*. Un polygone est inscrit s'il est enveloppé dans une circonférence touchant tous les sommets de ses angles.

Les polygones 75, 76, 78, 79, sont inscrits.

82. Un polygone est circonscrit quand il est tracé autour d'une circonférence à laquelle tous ses côtés sont tangents.

83. Un polygone dont les côtés seraient extrêmement petits et nombreux se confondrait avec la circonférence inscrite ou circonscrite.

84. Le centre du polygone est le point intérieur situé à égale distance des sommets de ses angles. Les polygones irréguliers n'en ont donc pas.

85. La distance du centre à l'un des sommets est le rayon du cercle inscrit.

86. Le rayon du cercle circonscrit est la droite menée perpendiculairement du centre sur l'un des côtés.

VIIe LEÇON.

Mesure des surfaces.

87. Mesurer une surface, c'est chercher combien de fois elle contient ne autre surface prise pour unité. Cette unité est le mètre carré

pour les petites surfaces ; et pour les surfaces agraires, c'est l'are et l'hectare.

88. On trouve la surface d'un CARRÉ *en multipliant l'un de ses côtés par lui-même.*

Ainsi, le côté d'un carré étant 7 mètres, sa surface est $7 \times 7 = 49$ mètres carrés.

89. On trouve la surface d'un RECTANGLE *en multipliant sa base par sa hauteur.*

Ainsi, une chambre ayant 9 m. de longueur et 7 m. de largeur, son parquet aurait $9 \times 7 = 63$ mètres carrés.

(*Voir* le nº 74, pour la définition de la hauteur du parallélogramme et du losange.)

90. On trouve la surface d'un PARALLÉLOGRAMME et celle d'un LOSANGE *par le même calcul que pour le rectangle.*

91. On trouve la surface d'un TRAPÈZE *en multipliant la somme des bases par la demi-hauteur.*

Supposons un trapèze de 9 m. de grande base, 7 de petite, et 4 de hauteur. On en trouvera la surface par ce calcul $9 + 7 = 16$. $16 \times \frac{4}{2} = 32$ mètres carrés.

92. La surface d'un trapèze équivaut toujours à celle d'un rectangle de même hauteur, dont la base serait égale à la moitié de la somme des bases du trapèze donné.

93. Tout triangle est la moitié d'un quadrilatère de même base et de même hauteur que lui. Aussi on trouve la surface d'un TRIANGLE *en multipliant sa base par la moitié de sa hauteur.*

Si un triangle a 12 m. de base et 20 de hauteur, sa surface égale $12 \times \frac{20}{2} = 120$ mètres carrés. — Le quadrilatère serait de 240 m. c.

94. 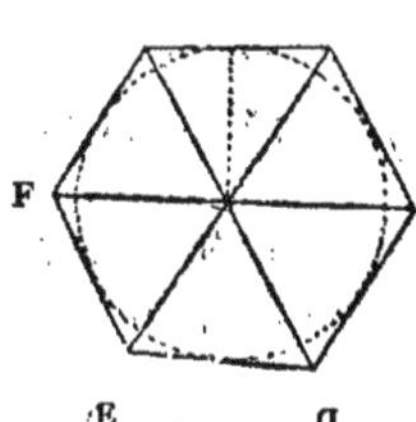

On trouve la surface d'un PENTAGONE, d'un HEXAGONE, etc., *en multipliant la somme de ses côtés par le demi-rayon du cercle inscrit.* Prenons un exemple facile : soit l'hexagone ABCDEF, dont le côté AB sera supposé de 8 m. Les six côtés étant égaux, le contour de ce polygone est de $8 \times 6 = 48$ m. — Le rayon O I a aussi 8 m. (exceptionnellement, le rayon de l'hexagone est égal à son côté). La surface est donc de $48 \times \frac{8}{2} = 192$ m. carrés.

Remarque : On découvre facilement la démonstration de ce procédé : tout polygone régulier peut se diviser en autant de triangles égaux qu'il a de côtés. Or, la surface d'un triangle se trouve en multipliant sa base par sa demi-hauteur.

La surface des polygones irréguliers se calcule par des moyens aussi simples, mais qui réclament la connaissance du dessin. C'est d'ailleurs une étude spéciale du domaine de l'arpentage.

VIIIe LEÇON.

Mesure des surfaces.

(Suite.)

95. On trouve la surface du CERCLE *en multipliant sa circonférence par la moitié de son rayon.* — Ou considère donc le cercle comme un polygone régulier d'un nombre infini de côtés. (*Voir* n° 75.)

96. Il peut arriver : 1° qu'on ne connaisse que la circonférence du cercle ; 2° qu'on n'en connaisse que le rayon. Alors on doit avoir recours au nombre 3,143 qui exprime le rapport existant entre le diamètre et la circonférence ; c'est-à-dire que toute circonférence contient, assez exactement, 3 diam. 143.

97. *La circonférence d'un cercle étant donnée, on en trouve le diamètre en la divisant par 3,143.*

Ainsi, une circonférence étant de 40 m., son diamètre $= \frac{40}{3,143} =$ 12 m. 72. Le rayon est donc de $\frac{12,72}{2} =$ 6 m. 36. On aurait donc la surface du cercle en multipliant 40 par $\frac{6,36}{2}$ ou par 3,18. Cette surface est 127 m. c. 20.

98. Le rayon d'un cercle étant donné seul, on le double pour avoir le diamètre ; *on multiplie ce diamètre par 3,143 pour avoir la circonférence.* La surface du cercle se trouve ensuite bien facilement.

PROBLÈMES SUR LE MESURAGE DES SURFACES.

1. Quelle serait la surface d'un triangle ayant 73 m. de base et 56 m. de hauteur ?

2. Quelle est la surface d'un carré dont le côté a 39 m. 25 ?

3. Quelle est la surface d'un rectangle ayant 148 m. de base sur 87 m. 60 de hauteur ?

4. Quelle est la surface d'un trapèze dont la petite base a 9 m. 15, la grande 12 m., et la hauteur 8 m. 35 ?

5. Combien faudrait-il de briques de 22 centimètres de côté, pour paver une salle de 7 m. de longueur et 8 m. 30 de largeur ?

6. On veut tapisser un appartement ayant 10 m. 70 de longueur, 8 m. 25 de largeur et 3 m. 40 de hauteur. Abstraction faite des ouvertures, combien faudrait-il de rouleaux de papier, chaque rouleau ayant 9 m. sur 47 centimètres ?

7. Quelle est la surface d'un jardin pentagonal ayant 14 mètres à chaque côté et 10 de rayon du cercle inscrit ?

8. Quelle est la circonférence d'un cercle ayant 8 mètres 40 de diamètre ?

9. Quel est le rayon d'un cercle dont la circonférence a 37 m. ?

10. Quelle est la surface d'un cercle de 17 m. de rayon ?

11. Un jardin circulaire a 13 m. de diamètre ; le milieu est un gazon de même forme, de 5 m. de rayon. On demande : 1° la surface de ce gazon ; 2° celle de l'espace laissé pour un chemin autour.

12. Un champ a la forme d'un trapèze. Ses deux bases ont 98 m. et 173 m. ; la distance perpendiculaire qui les sépare (hauteur) est de 104 m. 70. Si ce champ rapportait dans la proportion de 49 demi-hectolitres de blé par hectare, et que le double décalitre pût être vendu 2 fr. 75, quelle serait la valeur de la récolte ?

IXᵉ LEÇON.

Des corps ou solides.

99. On appelle *corps* ou *solides* tout ce qui affecte nos sens avec les trois dimensions réunies de l'étendue : une brique, un tronc d'arbre, un pain de sucre, une boule.

100. La surface des corps est plane ou ronde ; et c'est d'après cela qu'on les a divisés en deux grandes classes : les *polyèdres*, ou solides à faces planes, et les *corps ronds*.

101. Les polyèdres sont le *cube*, le *parallélipipède*, le *prisme triangulaire*, la *pyramide*, etc.

102. 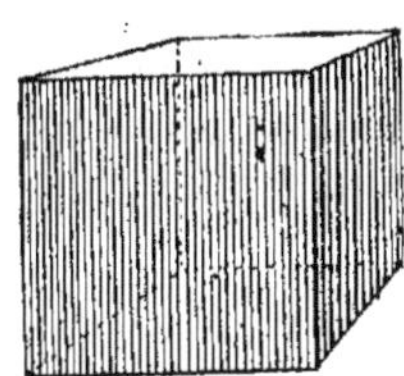

Le *cube* est un solide à six faces carrées : un dé à jouer est un cube.

Le dessin ci-contre représente le cube en perspective ; c'est pourquoi les arêtes n'en semblent pas égales ni certains angles droits.

8

Remarque : Nous avons étudié le *décimètre cube*, le *mètre cube*, quand nous nous somme occupés du système métrique, leçon Ire, p. 85.

103. 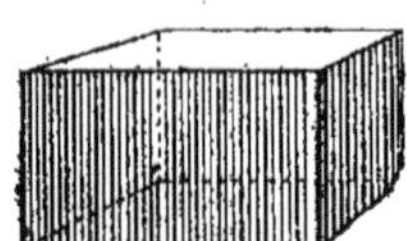 Le *parallélipipède* est un solide à six faces rectangulaires ou parallélogrammatiques : une brique, un soliveau.

104. 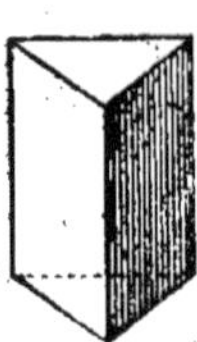 Le *prisme*, en général, est un polyèdre à faces parallélogrammatiques, ayant pour bases un polygone quelconque. La figure ci-contre est un prisme triangulaire.

105. La *pyramide* est un solide ayant un polygone pour base, et pour faces autant de triangles que ce polygone a de côtés ; les sommets de ces triangles se réunissent en un même point, appelé *sommet de la pyramide*.

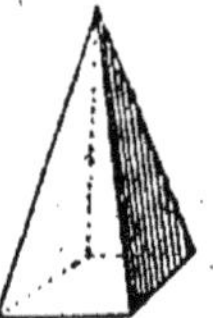

Tronc de pyramide.

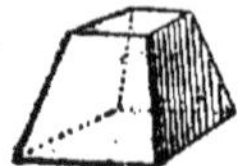

(Il est important que le maître s'attache à faire comprendre la perspective de ces figures.)

106. Les corps ronds sont le *cylindre*, le *cône* et la *sphère*.

107. 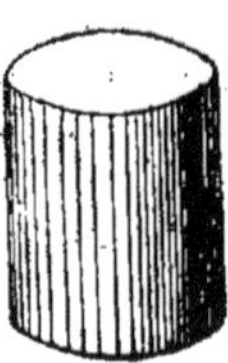 Le *cylindre* ou *rouleau* est un corps rond terminé par deux bases circulaires égales : un verre rond, un tuyau de poêle, les mesures de contenance.

108. Le *cône* est un corps rond n'ayant qu'une base de forme circulaire et un sommet comme la pyramide : un pain de sucre.

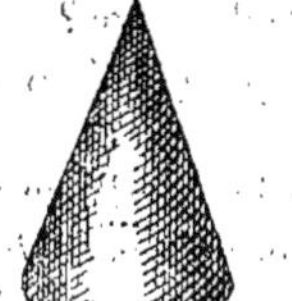

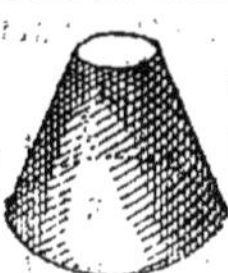

Tronc de cône.

109.

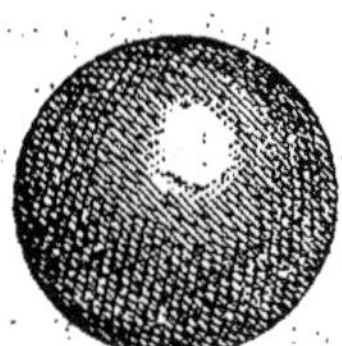

La *sphère* est un corps rond dont la surface a tous ses points également éloignés d'un point intérieur, appelé centre : une boule, une orange.

Xᵉ LEÇON.

Mesure de la surface extérieure des solides.

110. On trouve la surface totale d'un polyèdre quelconque en évaluant séparément celle de chaque face et additionnant toutes ces surfaces partielles.

111. On trouve la surface latérale d'un prisme droit en multipliant sa hauteur par le contour de sa base.

112. On trouve la surface latérale d'une pyramide régulière en multipliant la moitié de la hauteur d'un des triangles qui forment ses faces par le contour de sa base.

113. On trouve la surface latérale d'un cône droit en multipliant la moitié de son côté par la circonférence de sa base.

114. On trouve la surface d'une sphère en multipliant la circonférence de l'un de ses grands cercles par son diamètre.

115. On trouve la surface de corps irréguliers à faces courbes en décomposant ces faces en faces assez petites pour qu'on puisse les considérer comme planes ; on les évalue alors séparément et l'on en fait la somme, comme pour les polyèdres irréguliers.

PROBLÈMES.

1. Quelle est la surface d'une toile couvrant une charrette chargée de $3^m.25$ de long, $2^m,15$ de haut, $1^m,40$ de large ?

2. Comb. de mètres carrés de planches pour une caisse cubique de $2^m,30$ d'arête ?

3. Comb. de toile faut-il pour former le toit d'une tente; il aura quatre faces dont deux triangulaires et deux trapézoïdes, ces quatre faces aboutissant à une croupe commune de $4^m,80$ de longueur distante des bords du toit partout de $2^m,75$; la tente forme un parallélogramme de 13. m. sur 6 m. ?

4. Combien faut-il de mètres courants de tôle de 65 centim. de largeur pour 25 m. de tuyaux de poêle de $0^m,22$ de diamètre ?

5. On veut couvrir de toile une meule conique de foin ayant une circonférence de 12 m. et 9 m. du sommet à la circonférence de la base : comb. faudra-t-il de m. carrés de toile ?

6 On veut dorer une petite pyramide pentagonale régulière, quatre côtés du polygone de base ayant $0^m,17$, et la distance qui le sépare du sommet étant de $0^m,93$; si le décim. carré de dorure coûte 0 fr. 59, combien paiera-t-on ?

7. On dore aux mêmes conditions une sphère de $0^m,70$ de diam.; comb. dépensera-t-on ?

8. On tapisse une chambre avec des rouleaux de papier de 9 m. sur $0^m,70$, et coûtant 4 fr. l'un. La chambre a 5 m. de long, 4 de large et 3 de hauteur. Abstraction faite des portes et fenêtres, comb. dépensera-t-on ?

9. Quelle est la surface d'une caisse de $2^m,75$ sur $2^m,25$ et 1 fr. 80 ?

10. Le globe terrestre ayant 40000000 de m. de grande circonférence, quelle en est la superficie en myriam. carrés ?

XIe LEÇON.

Mesure des solides.

116. On appelle hauteur du cube l'une de ses arêtes ; sa base est l'une de ses faces.

117. La base du parallélipipède est l'une de ses faces ; sa hauteur est l'une des arêtes perpendiculaires à la base.

118. La hauteur de la pyramide est la distance perpendiculaire du sommet à la base, que l'on prolonge au besoin.

119. La hauteur du cylindre est la distance perpendiculaire entre les deux cercles qui lui servent de bases.

120. La hauteur du cône est la distance perpendiculaire du sommet à la base, que l'on prolonge au besoin.

121. Mesurer un solide c'est chercher combien de fois il contient un autre solide pris pour unité. Cette unité est le décimètre cube, et le centimètre cube pour les corps de petite dimension ; c'est le mètre cube pour tous les autres corps. — Le résultat de cette mesure s'appelle *volume du corps*.

122. On obtient le volume d'un cube en multipliant la surface de sa base par son côté. Si l'on veut ce volume en centimètres cubes, l'unité de mesure linéaire dont on doit se servir est le centimètre c'est le décimètre linéaire quand on cherche des décimètres cubes ; c'est le mètre linéaire quand on cherche des mètres cubes.

Exemple : Combien de décimètres cubes dans un bloc cubique de marbre ayant 1 m. de côté? — Un mètre vaut dix décimètres. La surface de la base égale 10 × 10 ou 100 décimètres carrés. Cette surface étant multipliée par la hauteur du cube (10 décim.), on trouve pour volume du bloc de marbre 100 × 10 = 1000 décimètres cubes.

123. On obtient le volume d'un parallélipipède en multipliant surface de sa base par sa hauteur.

Exemple : Quel est le volume d'un mur ayant 8 m. de long, 2 m. de haut, 0 m. 60 d'épaisseur? — La surface de la base de ce mur est de 8 × 0,60 = 4 m. car. 80. Cette surface étant multipliée par 2 m., on a 9 m. cubes 600 décim. cubes.

124. Pour obtenir le volume d'un prisme, on multiplie sa base par sa hauteur.

125. On obtient le volume d'une pyramide en multipliant la surface de sa base par le tiers de sa hauteur.

(Nous ne nous arrêterons pas à cette évaluation, dont le besoin ne se présente que rarement dans la vie.)

PROBLÈMES.

1. Combien de mètres cubes de sable pourrait renfermer un tombereau de 2 m. 80 de longueur, 1 m. 15 de largeur, 0 m. 74 de profondeur ?

2. Combien pourrait-on ranger, dans ce même tombereau, de briques ayant 22 centim., sur 12 et 5 ?

3. On creuse un fossé de 40 m., sur 5 et 3; en supposant que, remuée, la terre acquière un volume plus fort d'un tiers, combien de fois faudra-t-il remplir le tombereau ci-dessus désigné, pour l'enlèvement des terres?

4. On demande la contenance en hectolitres d'un lavoir de 17 m., sur 8 m. et 0 m 75.

5. Quel est le volume d'un prisme triangulaire de 7 m 50 de longueur et 3 m. 40 de largeur à la base, et de 0 m. 95 de hauteur?

6. Une personne en respirant vicie 35 hectolitres d'air par jour. Combien de fois doit-on, pendant 12 heures, renouveler l'air d'une salle de 5 m. sur 4 m. 50 et 3 m. 25, occupée par 40 personnes?

XIIe LEÇON.

126. On obtient le volume d'un cylindre en multipliant la surface de sa base par sa hauteur.

Exemple : Le diamètre d'un cylindre est de 0 m. 70; sa hauteur est de 1 m. 45; quel en est le volume ? — Je multiplie 0,70 par 3,143 pour avoir la circonférence; c'est 2 m. 20. Pour avoir la surface de la base, je multiplie cette circonférence par le quart de 0 m. 70 (moitié du rayon), et j'ai 0 m. car. 3850, qui, multipliés par la hauteur 1 m. 45, donnent le volume 0 m. cube 558250.

Remarque : Pour pouvoir considérer un tronc d'arbre comme cylindrique, on doit en prendre la circonférence entre son pied et son extrémité supérieure; parce qu'il va toujours diminuant de grosseur, en sorte qu'il serait plus comparable à un cône ou à un tronc de cône.

127. On obtient le volume d'un cône en multipliant la surface de sa base par le tiers de la hauteur.

128. Pour trouver le volume d'un tronc de cône à bases parallèles, il faut : 1° multiplier par lui-même le rayon de la grande base; 2° multiplier par lui-même le rayon de la petite base; 3° multiplier les deux rayons l'un par l'autre; 4° additionner les trois produits; 5° multiplier leur somme par la hauteur du tronc de cône, puis par 3,143 (rapport de la circonférence au diamètre); 6° enfin, prendre le tiers de ce dernier produit.

129. Pour avoir la capacité d'un tonneau, on doit agir comme si l'on avait à mesurer un cylindre ayant pour hauteur la longueur intérieure du tonneau et pour diamètre celui du bouge (à la bonde), di-

minué du tiers de la différence qu'il y a entre ce diamètre et celui du jable (fond).

130. Le volume de la sphère s'obtient en multipliant sa surface par le tiers de son rayon.

PROBLÈMES.

1. Un puits d'un diamètre moyen de 1 m. 35 a 17 m. de profondeur; on ne trouve l'eau qu'à 11 m. 70 ; combien y en a-t-il de barriques de 2 hect. 28 ?

2. Le corps d'une lampe est cylindrique; il a intérieurement 0 m. 19 de hauteur et un diamètre de 0 m. 07 ; si elle brûle un décilitre par deux heures , combien d'heures durera l'huile qu'elle contient étant pleine ?

3. La tour d'un moulin à vent aura 6 m. 15 de hauteur, sur une épaisseur moyenne de mur de 0 m. 72; si son diamètre intérieur est de 2 m. 50, quelle quantité de pierres faudra-t-il pour la construire, abstraction faite des ouvertures ?

4. Une cuve a 1 m. 35 de grand diamètre, 0 m. 90 de petit diamètre , et 0 m. 52 de hauteur. Quelle en est la contenance en litres ?

5. Une tonne a 1 m. 45 de diamètre au jable, et 1 m. 92 de diamètre au bouge; sa hauteur étant de 2 m. 50, combien contient-elle de barriques de 2 hect. 28 ?

6. Quel est le volume d'une boule ayant 0 m. 09 de rayon ?

7. Il y a 215 kilom. de Paris au Mans par le chemin de fer. On demande le poids d'un des fils électriques établis sur cette ligne , ce fil ayant 4 millim. d'épaisseur, et le décim. cube de fer pesant 7 kilom. 80 ?

8. Quelle est la contenance d'une cuve ayant 4 m. 25 de grande circonférence, 3 m. 40 de petite circonférence, et 0 m. 85 de hauteur ?

9. Combien pèse une boule de marbre de 0 m. 38 de diamètre, sachant que le décim. cube de cette pierre pèse 2 kilog. 84 ?

10. Une tonne pleine de vin a 1 m. 83 de diamètre au jable, 1 m. 98 au bouge, et 2 m. 69 de hauteur ; combien contient-elle d'hectolitres ?

TROISIÈME APPENDICE.

ANCIENNES MESURES

DE LONGUEUR, PETITES SUPERFICIES, SOLIDITÉ, CONTENANCES,
POIDS ET MONNAIES. — CHIFFRES ROMAINS.

Iʳᵉ LEÇON.

Longueurs et surfaces.

Quelles étaient les anciennes mesures de longueur ?

Les anciennes mesures de longueur étaient la *toise*, qui se divisait en 6 pieds ; le *pied*, qui se divisait en 12 pouces ; le *pouce*, qui se divisait en 12 lignes ; la *ligne*, qui se divisait en 12 *points*.

Pour convertir ces vieilles mesures en nouvelles, c'est-à-dire en mètres, il suffit de savoir qu'*une toise valait* 1 m. 949.

N'y avait-il pas une mesure de longueur spéciale pour mesurer les étoffes ?

Oui, c'était l'*aune*, que l'on divisait en demies, quarts, huitièmes et seizièmes. — *Elle valait communément* 1 m. 20.

Quelles étaient les mesures itinéraires ?

C'était la *lieue de poste*, la *lieue commune* ou *de pays*, et la *lieue marine*. — La lieue de poste était de 2000 toises ; la lieue de pays, ou de 25 au degré, de 2280, et la lieue marine de 2850.

———

Quelles étaient autrefois les mesures de surfaces ?

Les mesures pour les superficies ordinaires étaient la *toise carrée*, le *pied carré*, le *pouce carré*, la *ligne carrée*.

Il y avait aussi la *toise-pied*, surface d'une toise de longueur et d'un pied de largeur ; — le *pied-pouce*, d'un pied de longueur et d'un pouce de largeur.

La toise carrée était un carré de six pieds de côté, ou de 36 pieds de superficie.

Le pied carré était un carré d'un pied de côté, ou de 144 pouces de superficie.

La toise carrée était donc de 3 m. c. 7986.

PROBLÈMES.

1. Quelle fraction le pied est-il de la toise ?—la ligne de la toise ?
2. Combien de mètres dans 13 toises ?
3. Combien de mètres dans 15 toises 4 pieds 7 pouces ?
4. Combien de mètres dans 419 aunes ?
5. Longueur de la lieue de poste en mètres ?
6. *Idem.* de la lieue de pays ?
7. Combien de kilomètres dans 25 lieues communes ?
8. Quelle est la surface métrique d'un mur de 69 toises carrées ?
9. Combien de mètres carrés dans 37 pieds carrés ?
10. Convertissez en mèt. car. 139 toises 25 pieds 102 pouces carr..

IIe LEÇON.

SOLIDITÉ. — CONTENANCES. — POIDS. — MONNAIES.

Solidité et contenances.

Quelles étaient les anciennes mesures de solidité ?

La *toise cube*, le *pied cube*, le *pouce cube*.

Une toise cube faisait 7 m. cubes 403.

Il y avait pour les bois de chauffage presque autant de mesures différentes que de localités ; on les appelait *cordes, brasses, charretées*. — Leur conversion en mètres cubes est facile, les dimensions en pieds et pouces étant données.

Quelles étaient les mesures de contenance ?

Celles relatives aux grains et matières sèches étaient trop nombreuses pour que nous nous en occupions.

Pour les liquides, on admettait assez généralement le *tonneau*, qui contenait *4 barriques* ; — la *barrique de Bordeaux, de 30 veltes*, — la *velte, de 8 bouteilles ou pintes*.

Une bouteille était de 0 litre 79.

Poids et monnaies.

Quelles étaient les anciennes mesures de poids ?

La *livre-poids de marc*, l'*once*, le *gros*, le *denier* et le *grain*.

La livre pesait 16 onces, — l'once 8 gros, — le gros 3 deniers, — le denier ou *scrupule* pesait 24 grains.

8*

Cent livres-poids de marc faisaient un *quintal*.

Une *livre-poids* pesait 0 k. 49, pas tout à fait un demi-kilog.

Le nombre exprimant des livres-poids était toujours suivi du signe ℔.

Quelles étaient les anciennes monnaies ?

Les anciennes monnaies se divisaient en trois sortes : monnaies de *billon*, d'*argent*, d'*or*.

Les monnaies de billon étaient les *deux sous*, les *six liards* ; le *sou*, les *deux liards* et le *liard*. — Le sou valait 12 deniers.

Les monnaies d'argent étaient les pièces de *six livres tournois*, qu'on appelait *écus* ; — le *petit écu* de 3 livres tournois ; — la pièce de 30 sous ; — la *livre tournois*, qui valait 20 sous ; — la pièce de 15 sous ; — la pièce de 12 sous, et celle de 6 sous.

Le signe ⧺ se mettait toujours à la suite d'un nombre exprimant des *livres tournois*.

La *livre tournois* valait 0 fr. 988, pas tout à fait 1 fr.

Les pièces d'or étaient le *louis* de 24 *livres* et le *double-louis*.

Le titre des anciennes monnaies d'argent et d'or était 11/12 de fin ou 916 millièmes. — Il y avait plus d'argent ou d'or que dans les nouvelles.

IIIe LEÇON.

Nombres romains.

Les Romains se servaient d'autres chiffres que les nôtres.

1 se représentait par I ou *i*, ou encore par *j*.

5 se représentait par V ou *v*.

10 se représentait par X ou *x*.

50 se représentait par L.

100 se représentait par C.

500 se représentait par D.

1000 se représentait par M.

Il n'y avait guère que ces sept caractères pour tous les nombres, et cette double convention que :

1o *Tout chiffre placé à la droite d'un autre plus fort* augmente *la valeur de cet autre de toute la sienne* ;

2o *Tout chiffre placé à la droite d'un autre plus faible* perd *de sa valeur toute la valeur du premier.*

Ainsi, V placé à la droite de L augmente celui-ci de cinq unités ; les deux caractères LV font dès lors 55.

Mais V placé à la gauche de L diminue celui-ci de cinq unités ; les deux caractères VL font donc 50 moins 5, ou 45.

Il en résulte que le chiffre 1 peut s'écrire trois fois de suite ainsi que les chiffres X, C et M, mais que les autres ne se répètent jamais.

Voici donc les trente premiers nombres :

1 =	I.	11 =	XI.	21 =	XXI.
2 =	II.	12 =	XII.	22 =	XXII.
3 =	III.	13 =	XIII.	23 =	XXIII.
4 =	IV.	14 =	XIV.	24 =	XXIV.
5 =	V.	15 =	XV.	25 =	XXV.
6 =	VI.	16 =	XVI.	26 =	XXVI.
7 =	VII.	17 =	XVII.	27 =	XXVII.
8 =	VIII.	18 =	XVIII.	28 =	XXVIII.
9 =	IX.	19 =	XIX.	29 =	XXIX.
10 =	X.	20 =	XX.	30 =	XXX.

En mettant les neuf premiers nombres à la suite de XXX, on obtient les nombres compris entre la troisième et la quatrième dizaine. Le nombre 40 s'écrira XL. — A la suite de L on écrira les neuf premiers nombres, et l'on aura ceux compris entre la cinquième et la sixième dizaine.

Bref, le nombre	60	=	LX.
—	70	=	LXX.
—	80	=	LXXX.
—	90	=	XC.
—	100	=	C.
—	200	=	CC.
—	300	=	CCC.
—	400	=	CD.
—	500	=	D.
—	600	=	DC.
—	700	=	DCC.
—	800	=	DCCC.
—	900	=	CM.
—	2000	=	MM ou II m.
—	3000	=	MMM ou III m.
—	100000	=	C m.
—	1000000 *(ou mille mille)*	=	M m.

NOTIONS

SUR LA TENUE DES LIVRES.

Qu'appelle-t-on livres de commerce ?

On appelle livres de commerce les cahiers ou registres sur lesquels le commerçant inscrit ses achats, ses ventes, ses dépenses, ses recettes, en un mot toutes ses opérations commerciales.

Tous les livres de commerce sont-ils obligatoires ?

Quelques-uns sont obligatoires, d'autres ne le sont pas.

Les livres obligatoires sont le Journal, le livre des Inventaires et le Copie de lettres.

Récitez les articles du code de Commerce qui les prescrivent, et font connaître leur composition et les formalités auxquelles ils doivent soumis.

« Art. 8. Tout commerçant est tenu d'avoir un livre-journal qui présente, jour par jour, ses dettes actives et passives, les opérations de son commerce, ses négociations, acceptations ou endossements d'effets, et généralement tout ce qu'il reçoit et paie, à quelque titre que ce soit ; et qui énonce, mois par mois, les sommes employées à la dépense de sa maison : le tout indépendamment des autres livres usités dans le commerce, mais qui ne sont pas indispensables.

« Il est tenu de mettre en liasse les lettres missives qu'il reçoit, et de copier sur un registre celles qu'il envoie.

« Art. 9. Il est tenu de faire, tous les ans, sous seing privé, un inventaire de ses effets mobiliers et immobiliers, et de ses dettes actives et passives, et de le copier, année par année, sur un registre spécial à ce destiné.

« Art. 10. Le livre-journal et le livre des inventaires seront parafés et visés une fois par année.

« Le livre de copie de lettres ne sera pas soumis à cette formalité.

« Tous seront tenus par ordre de dates, sans blancs, lacunes ni transports en marge.

Art. 11. Les livres dont la tenue est ordonnée par les art. 8 et 9 ci-dessus seront cotés, parafés et visés soit par un des juges des tribunaux de commerce, soit par le maire ou un adjoint, dans la forme ordinaire et sans frais. Les commerçants seront tenus de conserver ces livres pendant dix ans. »

Combien y a-t-il de livres facultatifs, c'est-à-dire qui ne sont pas obligatoires ?

Les livres facultatifs sont plus ou moins nombreux, selon l'importance du commerce entrepris, et aussi selon la méthode adoptée par le commerçant pour sa comptabilité.

Combien y a-t-il de méthodes ou manières principales de tenir les livres de commerce ?

Il y a deux méthodes principales : celle en *partie simple*, et celle en *partie double*.

Nous ne parlerons que de la tenue des livres en partie simple, la seule qui soit d'un commun usage dans le petit commerce. L'exposé de la seconde méthode nécessiterait d'ailleurs tout un traité à part.

———

Expliquons d'abord certains termes de commerce :

Qu'est-ce que le débiteur ?

On appelle *débiteur* celui qui doit ou qui reçoit.

Qu'est-ce que le créancier ?

On appelle *créancier* celui à qui il est dû ou qui fournit.

Qu'appelle-t-on actif ?

On appelle *actif* ce qui est dû au négociant.

Qu'appelle-t-on passif ?

On appelle *passif* ce que le négociant doit.

Qu'appelle-t-on dettes actives ? — dettes passives ?

Les *dettes actives* sont donc celles dues au négociant; les *dettes passives*, celles contractées par le négociant envers un autre.

Qu'appelle-t-on effets de commerce ?

On appelle *effets* les billets à ordre, les lettres de change, toute créance reconnue par écrit et susceptible d'être mise en circulation dans le commerce.

Qu'est-ce qu'endosser un effet ?

Endosser un effet, c'est accepter la responsabilité de sa valeur en signant au dos, avec ordre de payer à un autre, la somme énoncée dans le corps de la lettre de change ou du billet.

DU JOURNAL OU MAIN-COURANTE.

———

Qu'est-ce que le livre-journal ?

Le Journal ou main-courante est le livre sur lequel on porte tous achats, ventes, recettes, dépenses, etc., au fur et à mesure qu'ils se réalisent.

Nous allons en donner un modèle.

JOURNAL

Commencé le 1er janvier 1854.

—————— 2 janvier 1854. ——————

J'achète de *Paul*, de Nantes, 10 barriques vin, à fr. 100 l'une.. (Dont je crédite son compte.)	1000	»

—————— 3 d°. ——————

Je vends à *Jacques*, de Baugé, 2 barriques vin, à fr. 110 l'une.. (Dont je débite son compte.)	220	»

—————— 15 d°. ——————

Je paie à *Paul*, de Nantes, 500 f. à valoir en espèces. (Dont je débite son compte, et que je détaille à la main-courante de caisse.)	500	»

—————— 17 d°. ——————

J'achète de *Pierre*, de Beaumont, 25 barriques cidre, à fr. 20 l'une................................. (Dont je crédite son compte.)	500	»

—————— 20 d°. ——————

Jacques me paie son compte du 3 janvier en un billet de banque de 200 fr. et 20 fr. d'espèces......... (J'en crédite son compte et porte détail de cette recette à la main-courante de caisse.)	220	»

—————— 22 d°. ——————

Je vends à *Jules*, du Mans, 5 barriq. vin, à fr. 115, payables à trois mois................................... (J'en débite son compte.)	575	»

—————— 23 d°. ——————

Je paie à *Paul*, en trois effets, les 500 fr. que je lui dois du 2 janvier.. (J'en débite son compte et en porte le détail à la main-courante de caisse.)	500	»

—————— 23 d°. ——————

Jules me paie, avec escompte 3 p. 0/0, les 575 fr. qu'il me doit du 22 de ce mois, savoir : un effet de 500 f. en espèces.....	500 57	» 75
L'escompte que je lui consens est de.............	17	25
(J'en crédite son compte avec ce détail que je porte également à la main-courante de caisse.)	575	»

30 janvier 1854.		
Je vends à *Pierre* 1 barrique vin, à fr. 150.....	450	»
— 1 d° à fr. 110....	110	»
(J'en débite son compte.)	260	»
30 d°.		
Je donne à *Pierre*, à valoir sur compte du 17 courant, fr. 90 en espèces, et 150 fr. en effets, à recevoir. (J'en débite son compte et en porte le détail à la main-courante de caisse.)	240	»
31 d°.		
Je paie à mon garçon de boutique, à compte sur ses gages, depuis le 1er septembre dernier, fr. 35.... (J'ouvre un compte au garçon, et porte ce détail à la main-courante de caisse.)	35	»

DU GRAND-LIVRE.

Le Grand-Livre est-il obligatoire?

Non, nous avons vu que le Grand-Livre n'est pas obligatoire. Mais il est d'une trop grande utilité pour qu'on puisse s'en passer. Il renferme les comptes courants de chaque particulier. C'est le report des opérations inscrites au Journal, par comptes individuels, qui se divisent chacun en *Doit* et *Avoir*.

Que faut-il inscrire au Doit?

Portez au *Doit* tout ce qui sort, *et qui vous est dû.*

Que faut-il inscrire à l'Avoir?

Portez à l'*Avoir* tout ce qui entre, ce qui vous est remis en paiement, et que, par conséquent, *vous devez.*

Quel espace chaque compte peut-il occuper dans le Grand-Livre?

Chaque compte au Grand-Livre peut tenir une page, plus ou moins, en raison du nombre d'affaires qu'on présume avoir avec le client.

Voici un modèle de Grand-Livre, nous y avons porté toutes les opérations enregistrées au Journal ci-dessus.

DOIT		M. *Paul*, de Nantes,		
Janvier 1854	15	mon paiement à valoir en espèces, fr.	500	»
Id.	23	m/ *id.* pour solde, en effets, fr.	500	»
		fr.	1000	»

DOIT		M. *Jacques*, de Baugé,		
1854 Janvier	3	ma facture de ce jour............. fr.	220	»

DOIT		M. *Pierre*, de Beaumont,		
1854 Janvier	30	ma facture de ce jour............. fr.	260	»
Id.	*id.*	m/ paiem. p^r solde, effets et espèces, fr.	240	»
		fr.	500	»

DOIT		M. *Jules*, du Mans,		
1854 Janvier	22	ma facture de ce jour............. fr.	575	»

DOIT		*Jean*, garçon de boutique,		
1854 Janvier	31	mon paiement à valoir,........... fr.	35	»

LIVRE

son compte chez moi, fixé au				AVOIR.	
Janvier 1854	2	sa facture de ce jour.............. fr.		1000	»
		fr.		1000	»

son compte chez moi, fixé au				AVOIR.	
1854 Janvier	20	son paiem. pr solde, effets et espèces, fr.		220	»

son compte chez moi, fixé au				AVOIR.	
1854 Janvier	17	sa facture de ce jour.............. fr.		500	»
		fr.		500	»

son compte chez moi, fixé au				AVOIR.	
1834 Janvier	25	son paiem. pr solde, effets et espèces, fr. sur lequel je fais escompte à 3 p. 0/0.		575	»

chez moi, son compte fixé au				AVOIR.	
1854 Janvier	31	ses gages depuis le 1er sept. der, à 10 fr. par mois, fr........................		50	»

DE L'INVENTAIRE.

Le *Livre d'inventaire*, dont il est parlé aux art. 9 et 10 du Code de Commerce, porte par actif et passif l'inventaire de toutes marchandises en magasin, de toutes sommes en caisse, du mobilier, des effets en portefeuille, et de toutes dettes actives et passives, en fin d'année.

Chaque inventaire doit être certifié sincère et conforme aux livres, par le négociant. En voici un aperçu :

Inventaire ou Bilan au 31 décembre 1854.

ACTIF :			PASSIF :		
Marchandises en magasin.			*Effets à payer.*		
Vin de Bourgueil, 15 barriq. à 97 fr.	1455 »		Mon billet, ordre Jean, au 15 févr.	500 »	
Eau-de-vie de Cognac, 300 litres à 1 fr.	300 »		Mon billet, ordre Paul, au 1er avril.	1000 »	1500 »
Vin de Bordeaux, 500 bout. à 2 fr...	1000 »	2755 »	*Dettes passives,*		
Caisse.			A Durand, de Nantes	300 »	
L'argent en caisse se monte à fr....	3545 »	3545 »	A Rouget, de Paris..	700 »	
Mobilier.			A Vignot, de Bordeaux.	250 »	
La valeur de mon mobilier est estimée à fr........	1000 »	1000 »	A Bourdin, de Laval	1000 »	2250 »
Effets.			TOTAL du passif.	» »	3750 »
Billet de Paul au 30 janvier 1855, fr..	600 »		Auquel il faut ajouter mon capital net, de....... fr.	» »	4900 »
Billet de Jules au 15 mars 1855, fr....	200 »	800 »	TOTAL......	»	8650 »
Dettes actives.					
Jacques......... fr.	150 »				
Pierre .... fr.	400 »	550 »			
TOTAL de l'actif.	» »	8650 »			

Certifié exact et conforme à mes livres.

Le Mans, 31 décembre 1854.

X.

A quoi sert le livre de Caisse?

Le *Livre de Caisse* est spécialement destiné au détail des opérations intéressant directement la Caisse, c'est-à-dire toutes recettes et dépenses en monnaies sonnantes ou en billet de banque.

C'est un second journal, mais où l'on ne porte que les affaires de Caisse, qui se trouvent ainsi portées sur les deux journaux.

A quoi sert le copie de lettres?

Le *Copie de Lettres* est destiné à la transcription textuelle de toutes lettres de commerce que le marchand envoie.

On a vu que l'art. 8 du Code de Commerce oblige à mettre en liasse toutes lettres missives que le commerçant reçoit.

MODÈLES DE FACTURES ET DE BILLET A ORDRE.

AUG^{te} RENARD ET Cie

MARCHANDS DE VINS AU MANS,

12, rue Saint—Julien, 12.

Doit M. *Jules*, propriétaire, payable à 3 mois.

Le Mans, 25 avril 1854.

2	Barriques vin de Bordeaux, à........ fr.	115	»	230	»
25	Litres Cognac vieux, à........... fr.	2	»	50	»
6	Id. Rhum Jamaïque, à.......... fr.	9	»	54	»
	TOTAL......	»	»	234	»

AUTRE :

AU BON-PAYSAN

JASSOBERT et Fils,

MARCHANDS DE ROUENNERIES, AU MANS,

5, rue du Mûrier, 5.

Doit M. Blin.

25	Mètres Elbeuf bleu, à.............. fr.	12	50	312	50
20	Mètres Taffetas vert, à. .... fr.	2	50	50	»
6	Mètres Gros de Naples, à. .... fr.	4	»	24	»
	Total.....	»	»	386	50
	Escompte 3 p. 0/0.............	»	»	8	58
	Reste.....			377	92

Dont acquit, 14 avril 1854.

JASSOBERT.

BILLET A ORDRE.

Le Mans, 20 *mai* 1854.   B. .P. .F. ▬▬▬▬

Au trente juin prochain, je paierai à M. Paul, ou ordre, la somme de ▬▬▬▬▬▬ valeur en marchandise (*ou* valeur espèces, *ou* valeur en compte, *ou* valeur pour solde).

JACQUES.

A Beaumont (Sarthe.)

DES ACTES SOUS SIGNATURES PRIVÉES LES PLUS ORDINAIRES.

BILLET. C'est une reconnaissance d'une somme due, avec promesse de la payer dans un temps déterminé, avec ou sans intérêts.

NOTA. *Dans tous les actes dont nous donnons la formule, on écrit les sommes en toutes lettres.*

FORMULE : Je reconnais devoir et promets payer le... prochain, à M. X..., propriétaire à..., la somme de... avec ses intérêts à 5 p. 0/0 par an, laquelle somme je reçois, ce jour, de lui comptant (ou *en marchandise*).

Paris, le vingt janvier mil huit cent cinquante-deux.

Bon et approuvé pour la somme de... francs.

(Signature du débiteur.)

COMPROMIS. C'est une convention qui autorise ou consent un arbitrage, en exprimant les choses litigieuses sur lesquelles les arbitres choisis par les signataires auront à se prononcer. — La décision des arbitres sera déclarée avec ou sans appel par-devant les tribunaux ordinaires. Dans ce dernier cas, le jugement des arbitres est irrévocable.

FORMULE : Les soussignés X..., propriétaire à..., et Z..., cultivateur à..., ont fait de bonne foi et par forme de compromis les conventions suivantes :

Sur le différend qui s'est élevé entre eux à raison de la demande d'une somme de... que moi X... réclame audit Z..., pour (*exprimez les motifs*), tandis que ce dernier conteste la légitimité de cette dette parce... (*énoncer ici les motifs allégués par Z...*).

Voulant terminer ce différend de la manière la plus simple et la plus prompte, avons arrêté les articles ci-après :

1° Il sera statué par l'arbitrage sur la demande ci-dessus exprimée. La décision des arbitres sera (*ou ne sera pas*) sujette à appel.

2° Nous nommons pour nos arbitres M. P..., propriétaire, et M. J.., négociant à..., auxquels nous donnons pouvoir de juger en première instance (*ou définitivement*) sur ladite contestation, dans le délai de..., à partir de ce jour.

3° MM. les arbitres sont dispensés de suivre les actes et procédures ordinaires.

4° Dans le cas où ils seraient d'avis contraires, ils sont autorisés à nommer un tiers arbitre, qui prononcera.

5° Chacun de nous s'engage à produire, au plus tard un mois avant l'expiration du délai ci-dessus fixé, entre les mains des arbitres, ses pièces, titres et mémoires ; faute de quoi, les arbitres passeront outre au jugement.

Fait double, à..., le...

(Signatures et approbation des signataires.)

OBLIGATION. C'est un acte établissant des conventions posées et consenties par les contractants, avec ou sans caution.

FORMULE : Nous soussignés, X..., menuisier à..., et Z..., entrepreneur de bâtiments à..., reconnaissons devoir à M. A..., propriétaire à..., la somme de... francs pour (*dire ici les causes de la dette*) ; laquelle nous promettons et nous engageons à payer solidairement au sieur A..., à son domicile, dans un an de ce jour, avec les intérêts à cinq pour cent, renonçant au bénéfice de division.

Ledit M. A... ayant exigé une caution solvable pour lui répondre de cette somme, moi V... déclare me rendre caution et responsable pour les débiteurs ci-dessus désignés. Je m'engage à la payer moi-même avec intérêts, à défaut par lesdits X... et Z... d'en faire le paiement à l'époque convenue, discussion préalablement faite de leurs biens (*ou sans discussion*, etc).

Et moi A..., présent à cette obligation, je déclare l'accepter. Il est bien entendu que les débiteurs pourront se libérer avant l'époque convenue, limitant les intérêts au temps couru.

Fait quadruple, à..., le...

(Signatures des quatre contractants.)

QUITTANCE. C'est un acte par lequel un créancier reconnaît avoir été payé par son débiteur, et le tenir quitte.

FORMULE D'UNE QUITTANCE D'UN PRIX DE FERME : Je soussigné, propriétaire de la ferme de la Grandinerie, située à J..., commune de..., reconnais avoir reçu de M..., fermier dudit domaine, la somme de...,pour une demi-année de son prix de ferme échue le... dernier, dont je le tiens quitte, sans préjudice de la demi-année courante et de mes autres droits.

(Signature du propriétaire)

FIN.

TABLE DES MATIÈRES.

LIBRAIRIE MONNOYER

OUVRAGES DU MÊME AUTEUR

Tableaux de lecture, résumés en 14 feuilles... 1 f. 25

Livre de lecture du premier âge, selon la méthode d'ancienne épellation. .... » 40

Premier Livre de lecture courante (français-latin), pour faire suite à l'Alphabet. Ouvrage autorisé par Mgr l'Évêque du Mans. — 1 vol. cart. .... » 75

Résumé des Connaissances élémentaires. Ouvrage autorisé par Mgr l'Évêque du Mans.

Abrégé de la Petite Arithmétique, calquée sur l'intelligence progressive de l'enfant, par demandes et réponses, divisé en 56 leçons, contenant plus de 1000 règles posées, exercices et problèmes, et suivi de modèles d'actes sous seing privé, de mémoires et factures. .... » 75.

Doctrine chrétienne, en forme de lectures de piété, à l'usage des maisons d'éducation et des familles chrétiennes, par LHOMOND. — 1 vol. in-12, cart. .... » 75

Tous ces divers Ouvrages, uniquement destinés à l'éducation primaire, sont d'une utilité pratique pour les instituteurs, conviennent parfaitement à l'âge et à l'intelligence des élèves.

Le Mans. — Impr. Monnoyer. — Février 1857.